Markus Alexander Helmerich

Liniendiagramme in der Wissenskommunikation

Markus Alexander Helmerich

Liniendiagramme in der Wissenskommunikation

Eine mathematisch-didaktische Untersuchung

VIEWEG+TEUBNER RESEARCH

Bibliografische Information der Deutschen Nationalbibliothek
Die Deutsche Nationalbibliothek verzeichnet diese Publikation in der
Deutschen Nationalbibliografie; detaillierte bibliografische Daten sind im Internet über
<http://dnb.d-nb.de> abrufbar.

Dissertation Technische Universität Darmstadt, 2009

D 17

1. Auflage 2012

Alle Rechte vorbehalten
© Vieweg+Teubner Verlag | Springer Fachmedien Wiesbaden GmbH 2012

Lektorat: Ute Wrasmann | Sabine Schöller

Vieweg+Teubner Verlag ist eine Marke von Springer Fachmedien.
Springer Fachmedien ist Teil der Fachverlagsgruppe Springer Science+Business Media.
www.viewegteubner.de

Umschlaggestaltung: KünkelLopka Medienentwicklung, Heidelberg
Gedruckt auf säurefreiem und chlorfrei gebleichtem Papier

ISBN 978-3-8348-1451-7

"Axiom 1: Der Film muss fertig werden."

FRIEDRICH WILLE

Danke

Ganz besonders danke ich meinem Betreuer des Promotionsvorhabens Prof. Dr. Rudolf Wille für steten Ansporn, eingehende Betreuung und guten Anregungen. Prof. Dr. Regina Bruder bin ich dankbar für interessiertes Lesen, sehr spannende Anregungen und freundliche Unterstützung in der Didaktik. Prof. Dr. Regina Bruder bin ich dankbar für die Übernahme des Korreferats, interessiertes Lesen und freundliche Unterstützung in der Didaktik. Mit Prof. Dr. Katja Lengnink habe ich viele anregende Diskussionen führen dürfen und bedanke mich, für wissenschaftliche Begleitung und Beratung in didaktischen Fragen und für das externe Korreferat.

Mein Dank gilt auch den weiteren Prüfern Prof. Dr. Burkhard Kümmerer und Prof. Dr. Alexander Martin für ihre sorgfältigen Nachfragen und kritischen Anmerkungen.

Der Darmstädter Arbeitsgemeinschaft Begriffsanalyse danke ich für ungezählte gute Anregungen und für die beständige Bereitschaft, meine Ideen und Gedanken sehr intensiv zu diskutieren, besonders Prof. Dr. Peter Burmeister, Prof. Dr. Karl-Erich Wolff, Stefan Heppenheimer, Dr. Julia Klinger, Dr. Björn Vormbrock und Tim Kaiser. Außerdem danke ich Joachim Hereth Correia, der für meine Fragen zu LaTeX, ANACONDA und inhaltlichen Problemen immer ein offenes Ohr hatte – und mit kompetenten Antworten stets weitergeholfen hat, sowie Dr. Frithjof Dau, dem ich vieles aus der Welt der Semiotik und Graphen und immer anregende Diskussionen verdanke.

Die Mitglieder der Arbeitsgruppe Didaktik an der TU Darmstadt unterstützten mich mit interessanten Anregungen und fruchtbaren Diskussionen, allen voran mit Ulrich Müller und Maria Ingelmann.

Dem Westermann-Verlag danke ich für ein gut bestücktes Archiv und freundliche Mitarbeiterinnen.

Neben der guten fachlichen Betreuung war aber auch die großartige Unterstützung aus dem restlichen Fachbereich Mathematik der TU Darmstadt für das Gelingen der Arbeit sehr wichtig. Allen voran danke ich Dr. Reiner Liese – ohne seine frühe Förderung und die bis heute große Unterstützung wäre ich mit meiner Arbeit nicht so weit gekommen und im ausfüllenden Job der Studienberatung komplett untergegangen. Mein Dank gilt allen Sekretärinnen am Fachbereich Mathematik für viel Zuspruch und Unterstützung, besonders Laura Cosulich, die mir bei vielem in der Endphase den Rücken freihielt, und Frau Frohn für ihre kompetente Arbeit am Scanner.

Für umfassendes Verständnis in den anstrengenden Phasen auf dem Weg zur Promotion, viel Geduld, Liebe und Zuneigung und das Aushalten der Entbehrungen in den letzten Monaten bedanke ich mich bei Katja Müller.

Meinen Eltern danke ich für ihren unerschütterlichen Glauben in mich und beständige Ermutigung.

Diese Arbeit hätte viele Rechtschreibfehler mehr (sie hat bestimmt immer noch ein paar...), wenn nicht Christian Burgmann die mathematischen Formeln eifrig Korrektur gelesen, Dr. Franziska Siebel mit intensivem Korrekturlesen und hilfreichen Vorschlägen auch zur besseren Verständlichkeit des Textes beigetragen und Thilo Klinger einen kritischen letzten Blick auf das Gesamtwerk geworfen hätte. Allen dreien sei ganz herzlich gedankt.

Und ich danke all den vielen Freunden und Bekannten für's Mut machen und Daumen drücken, und dem Glücksschwein Willi für Kraft und Stärke in den letzten Wochen.

Auch Friederike Heinz hat mir auf den letzten Metern viel Kraft und Zuspruch gegeben, viel Verständnis für Nachtschichten und dafür, dass ich mir mehr Zeit mit meinem Laptop als mit ihr verbracht habe – Danke.

Sabine Grüber hat es geschafft auch noch aus der schlechtesten Vorlage mit ihrem Scanner brauchbare Bilder herauszuholen - ganz vielen Dank. Für die Erstellung der Druckvorlage war Achim Klein eine unersetzliche Hilfe, vielen Dank für schnelle und unermüdliche Hilfe.

Und nicht zuletzt bin ich dankbar, dass mich der Vieweg-Teubner Verlag in seine Reihe aufgenommen hat und ich von Frau Wrasmann und Frau Schöller so nachsichtig und kompetent betreut wurde.

Inhaltsverzeichnis

Einführung

Die Verarbeitung und Analyse von Daten spielt in sehr vielen Anwendungsbereichen eine zentrale Rolle. In den 80er Jahren ist als Ergebnis der Bemühungen, die Verbandstheorie als Teilgebiet der Mathematik für Anwendungen bedeutsam werden zu lassen, die Formale Begriffsanalyse entstanden. Als mathematische Methode lässt sie sich zur qualitativen Datenanalyse verwenden. Dabei kommen Ordnungsstrukturen zur Entfaltung, um Daten zu strukturieren, zu ordnen und so in ihren Zusammenhängen leichter zugänglich zu machen. Als wichtiges Kommunikationsmittel kommen Liniendiagramme als grafische Repräsentationen dieser Ordnungsstrukturen zum Einsatz. Dabei werden besonders beschriftete Liniendiagramme von endlichen Begriffsverbänden betrachtet, die mit Formaler Begriffsanalyse erstellt werden.

Das Zeichnen von Liniendiagrammen und die Diskussion darum, was „gute" Diagramme sind, beschäftigte schon lange Entwickler und Anwender der Formalen Begriffsanalyse als Datenanalyseinstrument. In Anwendungsprojekten sind immer wieder einzelne Kriterien formuliert worden, jedoch nie in einem allgemeinen Überblick oder einer systematischen Zusammenstellung, wie es diese Arbeit bietet. Aufgrund der Anforderungen, in Projekten schnell und möglichst einfach gute Liniendiagramme zu erhalten, wurden auch Algorithmen zum Zeichnen von Liniendiagrammen implementiert und bieten in sehr überzeugenden Software-Tools die Möglichkeit, Diagramme weitgehend automatisiert zeichnen zu lassen. Allerdings fehlen gute Dokumentationen der Software, die die eingesetzten Verfahren und Kriterien für das Zeichnen der Diagramme offenlegen.

So lag es nahe, sich im Rahmen eines Promotionsprojektes näher mit der Frage zu befassen, was eigentlich *die* Kriterien für gute Liniendiagramme sind. Doch es wurde schnell klar, dass die Frage in dieser Form nicht zufriedenstellend beantwortet werden konnte. Zu ausufernd und zu wenig fassbar sind die Kriterien für eine Charakterisierung von guten Diagrammen: Von der Visualierungsdiskussion über Grafikdesign hin zu wahrnehmungspsychologischen Fragen und mathematischen Strukturkriterien reicht das Spektrum der möglichen Ansätze für eine Beschreibung von guten Diagrammen. Und zu verschieden sind die Ziele und Zwecke der Anwender, die die Gestaltung der Liniendiagramme stets mit beeinflussen sollen, als dass eindeutige Regeln festgelegt werden können. Mögliche Ziele und Zwecke aufzudecken und anhand dieser, Kriterien für gute Liniendiagramme zu entwickeln, ist Gegenstand der vorliegenden Arbeit. Ausgehend von einer philosophischen Betrachtung der Bedeutung von Liniendiagrammen in der Wissensverarbeitung wird ausgeführt, wie Diagramme als Kommunikationsmittel eine Brücke zwischen Anwendern und mathematisch-logischen Darstellungen, sowie zwischen unserem Alltagsdenken und formalen Repräsentationen schlagen können. Gute Liniendiagramme lassen sich entlang dieser großen Bedeutung für Wissenskommunikation charakterisieren hinsichtlich ihrer Ausdruckskraft und Stärke, Kommunikationsprozesse zu unterstützen.

Im ersten Kapitel erfolgt eine Einordnung von Liniendiagrammen als Kommunikationsmittel in den Kontext philosophisch-wissenschaftstheoretischer Diskussion über Wissen und Wissensverarbeitung. Zur Klärung, was unter Begrifflicher Wissenskommunikation zu verstehen ist, wird der Wissensbegriff näher untersucht und in die Theorie der Begrifflichen Wissensverarbeitung eingeführt. Die Wissenskommunikation wird als Bestandteil der Begrifflichen Wissensverarbeitung verankert und ihre Verwendung gegenüber Wissensmanagement und Informatik abgegrenzt. Abschließend wird die für diese Arbeit leitende Idee der Allgemeinen Wissenschaft vorgestellt und als transdisziplinäre Methode auf die Wissenskommunikation bezogen.

Das zweite Kapitel liefert eine Einführung in die Ordnungs- und Verbandstheorie sowie die mathematischen und kontextuell-logischen Grundlagen der Formalen Begriffsanalyse und der Liniendiagramme. Bei der Beschreibung dieser Basis wurde besonders auf eine allgemein-verständliche Sprache geachtet, um dem Anliegen der Allgemeinen Mathematik zu entsprechen. Neben den Grundlagen der Formalen Begriffsanalyse werden auch der Hauptsatz über Liniendiagramme angegeben und Erweiterungen mit Begrifflichen Graphen und Informationskarten erläutert. Für die Informationskarten wurde eine ausführliche Analyse ihrer Voraussetzungen, Bestandteile und Wirkweisen vorgenommen. Es sollen einige markante Ansätze zur Beschäftigung mit Liniendiagrammen in anderen Disziplinen vorgestellt und gegenüber der Begrifflichen Wissensverarbeitung in dieser Arbeit abgegrenzt werden.

Die Unterstützung des menschlichen Denkens durch Liniendiagramme wird im dritten Kapitel mit der Entfaltung der dreifachen Semantik der Liniendiagramme herausgearbeitet. Die verschiedenen semantischen Aspekte lassen sich unter Rückgriff auf die Philosophie und Pragmatik von Charles S. Peirce gut entwickeln. Die Liniendiagramme bilden eine Brücke zwischen Realsemantik und mathematischer und logisch-philosophischer Semantik. Damit leisten sie einen wichtigen Beitrag zur transdisziplinären Verständigung. Wie Liniendiagramme das menschliche Denken allgemein unterstützen, wird abschließend zusammengefasst und anhand einiger Denkhandlungen erläutert.

Im vierten Kapitel wird eingehend erörtert, wie Liniendiagramme unserem Denken Form geben und warum diagrammatische Formen der Darstellung so wirkungsvoll sind. Dabei ist auch eine semiotische Sicht auf Diagramme hilfreich, die mit dem triadischen Zeichenbegriff von Peirce eingenommen wird. Die anschließende Diskussion der Analogie zwischen diagrammatischen Darstellungen und rhetorischen Strukturen schafft ein Verständnis für die Bedeutung einer sorgfältigen Gestaltung von Liniendiagrammen und die Kraft der grafischen Mittel. Auf dieser Grundlage werden dann Aufgaben, Ziele und Zwecke von Liniendiagrammen entfaltet, bevor Kriterien zu ihrer „guten" grafischen Gestaltung in Bezug auf strukturelle, anwenderzentrierte und sachbezogene Anforderungen entwickelt werden.

Die Vermittlung der Fertigkeiten im Zeichnen von Liniendiagrammen steht im Zentrum des fünften Kapitels. Anschließend an die Einführung in das Lernspiel CAPESSIMUS wird an verschiedenen Beispielen das praktische Arbeiten damit verdeutlicht. Für die didaktische Diskussion des Lernspiels werden sieben Thesen formuliert. Diese sollen erklären, wie und warum CAPESSIMUS beim Erlernen des Zeichnens von Liniendiagrammen unterstützend wirksam wird. Dafür identifiziere ich, welche Denkhandlungen bei der Erstellung und anschließenden Benutzung von Liniendiagrammen aktiviert und trainiert werden. Zum Abschluss werden Bestandteile, didaktische Grundannahmen und konkrete Ausarbeitungen der Lernumgebung zur Formalen Begriffsanalyse vorgestellt. Die Lerneinheiten wurden von Erne (vgl. [Er00]) mit entwickelt und von mir mit begriffsanalytischen Methoden strukturiert. Für die Lernumgebungen werden von mir außerdem Informationskarten als Navigations- und Orientierungshilfe für den Lernenden eingesetzt und ausführlich didaktisch begründet.

1 Wissenskommunikation

1.1 Verständigung über den Wissensbegriff und Wissenskommunikation

Lebenslanges Lernen ist eine häufig vorgebrachte Forderung in den letzten Jahren und wird als notwendig für die Fortentwicklung von modernen Gesellschaften angesehen. Es zielt darauf ab, auch über die klassischen Bildungseinrichtungen hinaus immer wieder neues Wissen zu erwerben und dieses in Arbeits- und Produktionsprozesse einfließen zu lassen.

Maßgeblich für das Gelingen von Wissenserwerb ist eine gute Wissensverarbeitung, dabei insbesondere die Wissensrepräsentation, um Wissen zu speichern und flexibel verfügbar zu machen. Außerdem bedarf es einer angemessenen Wissenskommunikation, die dem Transfer von Wissen aus den Wissenschaften in die Allgemeinheit, aber auch zwischen den wissenschaftlichen Disziplinen dienlich ist.

Abseits der Wissensvermittlung wird in nahezu allen Bereichen die Verarbeitung von Daten als Basis von Wissen immer wichtiger. In einigen Bereichen kommt es zum Daten-Overkill: es werden mehr Daten erhoben als mit klassischen Methoden verarbeitet werden können, der Überblick über die Bedeutung der Daten geht verloren und Wissensgenerierung oder gar Wissenstransfer kann auf dieser Grundlage nicht mehr stattfinden. Zu diesen Bereichen gehören u. a. die moderne Teilchenphysik, die Molekularbiologie, aber auch die Klimaforschung. Große Software-Unternehmen können kaum noch Programmier-Standards, Programmstrukturen und zur Verfügung stehende Tools verwalten, geschweige denn personales Wissen für das Unternehmen oder neue Mitarbeiter adäquat verfügbar machen. Wissen und damit auch die Wissenskommunikation gilt damit in der Wirtschaftswelt inzwischen als ernst zu nehmender Wettbewerbsfaktor.

„Ein bewusster, verantwortungsvoller und gleichzeitig effizienter und effektiver

Umgang mit Wissen ist so gesehen eine Herausforderung und eine Aufgabe, die auf der gesellschaftlichen, organisationalen und individuellen Ebene gleichermaßen anzusiedeln ist." [MR00]

In diesem Kapitel wird der Begriff der *Wissenskommunikation* weiter ausgeleuchtet. Dafür wird zunächst geklärt, was unter *Wissen* verstanden wird. Eine trennscharfe Abgrenzung erscheint schwierig angesichts des in der öffentlichen Diskussion wie auch in philosophisch-pädagogischen Diskursen sehr schillernd verwendeten Begriffs Wissen. Eine gute und fruchtbare Definition von Wissen liefert Devlin in seinem Buch "Turning Information into Knowledge". Devlin baut seine Definition auf der Bestimmung von *Information* auf. Information setzt sich zusammen aus Daten mit Bedeutung (vgl. [De99, S. 14]). Daten sind dabei die Syntax, die Zeichen oder das Materielle, also das was in Zeitungen, Berichten und auf Internetseiten bereitgestellt wird. Erst wenn diese Daten in den großen Schatz an schon vorhandenen Informationen des Menschen eingegliedert werden, erst wenn den Zeichen eine Bedeutung beigemessen wird, entsteht Information. Wird diese Information von einer Person internalisiert, also soweit verinnerlicht, dass sie lebendigen Gebrauch davon machen kann, und diese Information von der Person unmittelbar aktiviert werden kann, so nennt Devlin dies *Wissen* (vgl. [De99, S. 15]).

Diese Begriffsbestimmung geht zurück auf Davenport und Prusak, die „Wissen" folgendermaßen definieren:

"Knowledge is a fluid mix of framed experience, values, contextual information, and expert insight that provides a framework for evaluating and incorporating new experiences and information. It originates and is applied in the minds of knowers. In organizations, it often becomes embedded not only in documents or repositories but also in organizational routines, processes, practices and norms." [DavPru98, s: 5]

Wissen lebt aber auch von unseren Überzeugungen, von Gewissheiten, vom sicheren Schließen und Geltungsansprüchen von Wissen. Daher ist es gerade auch für die Wissenskommunikation zentral, auch solche Aspekte von Wissen zu thematisieren, um eine Grundlage für die Begriffsbestimmung der Wissenskommunikation zu haben:

"Wissen heißt Erfahrungen und Einsichten besitzen, die subjektiv und objektiv gewiss sind und aus denen Urteile und Schlüsse gebildet werden können, die ebenfalls sicher genug erscheinen, um als Wissen gelten zu können." [SchH74]

Die hier thematisierten Aspekte stehen allerdings häufig der klassischen Begriffsbestimmung von Wissen entgegen. Als Wissen soll nur zählen, was auch begründet werden kann. Dies erfordert einen Prozess des Aushandelns von Gewissheiten und Geltungsansprüchen, wie es eine diskursive Argumentation mit und über Wissen in einer intersubjektiven Kommunikationsgemeinschaft leisten kann. Apel formuliert dazu das „Apriori der Kommunikationsgemeinschaft als der sinnkritischen Bedingung der Möglichkeit und Gültigkeit aller Argumentation":

> „Wer nämlich argumentiert, der setzt immer schon zwei Dinge voraus: Erstens eine 'reale Kommunikationsgemeinschaft' deren Mitglied er selbst durch einen Sozialisationsprozess geworden ist, und zweitens eine 'ideale Kommunikationsgemeinschaft', die prinzipiell imstande sein würde, den Sinn seiner Argumente adäquat zu verstehen und ihre Wahrheit zu beurteilen." [Ap76, S. 429]

Dieses Weltbild betont in besonderer Weise das Argumentative und stellt damit ein Gegenkonzept zum weitverbreiteten mechanistischen Denken und zur zunehmenden Mechanisierung im Umgang mit Wissen dar. Für eine Wissenskommunikation im Sinne der begrifflichen Wissensverarbeitung müssen Werkzeuge entwickelt werden, die vom Menschen kontrolliert und beherrscht werden können. Noch deutlicher wird dieser Anspruch, wenn man den Wissensbegriff wie A.L. Luft in [Lu92] versteht, der sagt, dass

„ein (anspruchsvolles) Wissen

- mit Gewissheitsansprüchen sowie (empirisch belegten oder logischen) Geltungsansprüchen verbunden ist,

- die damit verknüpften Geltungsansprüche gegenüber vernünftig argumentierenden Gesprächspartnern eingelöst werden können,

- in Form von Aussagen (für theoretische Behauptungen) und Aufforderungen (für praktische Orientierungen, einschließlich Methoden und diesbezüglich relevanten Einstellungen, Haltungen, Werten, Normen) zum Ausdruck gebracht werden kann,

- sich auf Handlungen oder die damit verknüpften Ziele, Zwecke und Probleme bezieht." [Lu92]

Die Kommunikation von Wissen in diesem Sinne muss also mit Weltbezug und unter der Beachtung von Geltungsansprüchen von (Sprech-)Handlungen geschehen. In der *Theorie des kommunikativen Handelns* beschreibt Habermas drei Kriterien für Geltungsansprüche: die *Wahrheit* in Bezug auf die objektive Welt, die *Richtigkeit* in Bezug auf die soziale Welt und die *Wahrhaftigkeit* in Bezug auf die subjektive Welt [Ha81].

> „Kommunikatives Handeln stützt sich auf einen kooperativen Deutungspro-
> zess, in dem sich die Teilnehmer auf etwas in der objektiven, der sozialen und
> der subjektiven Welt zugleich beziehen. (...) *Verständigung* bedeutet die Ei-
> nigung der Kommunikationsteilnehmer über die Gültigkeit einer Äußerung."
> [Ha81, S. 182f]

Kommunikation als „Zeichenaustausch zwischen Menschen" [Br74, unter „Kommunikation"] ist also ein intersubjektiver Verständigungsprozess zwischen Menschen. Wissenskommunikation will die Kommunikation von Wissenselementen beschreiben und auch die
Kommunikation über Wissen und seinen Geltungsanspruch erfassen. Dafür müssen Mittel
bereit gestellt werden, die diesen Prozess zweckdienlich unterstützen und den Kommuni-
kationspartnern helfen, ihre Geltungsansprüche einzubringen.

In der Kommunikationstheorie von Schulz von Thun wird das primäre Ziel von Kommunikation in der Verständigung gesehen, also dem "Aufbau eines gegenseitigen Verständnisses" [SvT81]. Um die Verständlichkeit in der Kommunikation zu erhöhen, helfen die
folgenden vier „Verständlichmacher" (vgl. [SvT81, S. 140ff]):

- Einfachheit (z.B. durch Verwendung von bekannten Wörtern und einfachen Sätzen,
  Erklärungen von Fremdwörtern etc.)

- Gliederung und Ordnung (z.B. übersichtliche Darstellung, Hervorhebungen, logischer Aufbau und Erklärung von Zusammenhängen etc.)

- Kürze und Prägnanz (z.B. viel Information mit wenigen Worten, Beschränkung auf
  das Wesentliche etc.)

- Zusätzliche Stimulanz (z.B. durch gefühlsmäßige Ansprache des Gegenübers, sprachliche Bilder wie Analogien, Beispiele und Skizzen etc.)

Solche Stimulanzien für verständliche Kommunikation können z.B. auch Bilder und
Diagramme sein:

„Die Abbildung dient nicht nur der Stimulanz, sondern oft auch der Gliederung – Ordnung, indem sie eine gedankliche Struktur oder den Bauplan eines Textes sichtbar macht." [SvT81, S. 147]

Bei Alesandrini finden sich fünf Vorteile bildlicher Darstellungsformen:

1. „instant"

2. „memorable"

3. „automatic"

4. „global"

5. „energizing" (vgl. [Al92])

Bilder kommunizieren ihren Inhalt sofort und vermitteln Information auf eine besonders intuitive Art und Weise (instant), sie bleiben uns besser in Erinnerung als Worte (memorable), sie sind meistens automatisch verständlich (automatic). Sie bieten eine gute Möglichkeit, einen Überblick zu erzeugen und Zusammenhänge darzustellen (global), und wirken motivierend und aktivieren den Betrachter (energizing).

Ein großer Gewinn im Einsatz solcher visuellen Kommunikationshelfer liegt darin, dass ein gemeinsamer Fokus hergestellt wird: alle Kommunikationsbeteiligten konzentrieren sich auf das Diagramm als allen gemeinsamen Punkt. Die Kommunikation „über etwas" gelingt einfacher „mit etwas" als Unterstützung der Kommunikation.

Eine Unterstützung von Kommunikation ist auch deshalb so wichtig, wenn es darum geht, *anspruchsvolles Wissen* zu generieren und zu verarbeiten.

„Wissensverarbeitung, die auf anspruchsvolles Wissen zielt, muss menschlicher Reflexion, Argumentation und Kommunikation angemessen Raum geben; sie hat insbesondere die intersubjektive Konsensbildung von Gewißheits- und Geltungsansprüchen sowie die Diskussion von Zwecken und Wirkungen, die mit der Wissensverarbeitung zusammenhängen, zu unterstützen." [Wi98, S. 9]

1.2 Begriffliche Wissensverarbeitung

Um 1990 etabliert sich in Arbeiten zu Begrifflichen Wissenssystemen die Unterscheidung von vier Aspekten (vgl. [LW91], [Wi92a]), die zusammen ein Wissenssystem zur Begrifflichen Wissensverarbeitung ausmachen:

- Wissensrepräsentation,

- Wissensinferenz,

- Wissensakquisition und

- Wissenskommunikation.

Wissensrepräsentation dokumentiert den Erwerb und Besitz von Wissen, aber auch die Wahrnehmung von Realität und das erkennende Verstehen von Welterfahrung und kodiertem Wissen. Sogar die Repräsentation von Vorwissen – oder unserem „Weltwissen", das „a priori" bei Kant – also alles das, was wir durch unser Leben in der Welt, durch Erfolg und Erfahrung und Erziehung über Welt wissen, ist Teil der Repräsentation von Wissen. Dieses sehr breite Verständnis von Wissensrepräsentation geht über das Verständnis des Begriffs in vielen anderen Bereichen weit hinaus, ist aber für eine fundierte Auseinandersetzung mit Wissensverarbeitung wesentlich, denn ohne Repräsentation gibt es kein Wissen.

Im Rahmen Begrifflicher Wissenssysteme beschreibt Urs Andelfinger Wissensrepräsentation als mathematisches Modell für die Wissensverarbeitung (vgl. [An94, S.165]). Wichtig ist es hierfür, dass eine Repräsentation auch die Ablösung vom pragmatischen Kontext schaffen kann, die für eine formale Weiterverarbeitung von Wissen hilfreich ist.

Der interaktive Prozess mit Nutzern Begrifflicher Wissenssysteme wird *Wissensinferenz* genannt (vgl. [An94, S.166]). Dazu stehen Werkzeuge der Merkmal-, Gegenstand- und Begriffexploration zur Verfügung, um sich inhaltliche Zusammenhänge und logische Abhängigkeiten formal zu erschließen. Entscheidend ist auch hier das Loslösen von konkreter Weltbeschreibung und ein Übergang zu logischer Sprache. Für ein breites Verständnis des Wissensgebiets muss man auch diejenigen Wissensinferenzen miteinschließen, die ohne Sprache auskommen: Die unmittelbaren Erfahrungen und das Unmittelbar-Eingelebt-Sein gehört zum Menschsein allgemein dazu. Denn die Semantik von Wörtern für eine sprachliche Inferenz-Leistung muss erst erlernt und eingelebt werden, bevor ein Schließen möglich ist. In vielen Situationen, wie z.B. dem Erhalt der Unversehrtheit des Körpers, ist aber von Anbeginn ein Inferieren-Können notwendig.

Über *Wissensakquisition* als „Erhebungsprozess menschlicher Expertise in ihren explizierbaren formal-begrifflichen Anteilen" wird neues Wissen gebildet. Dabei helfen die Methoden der Wissensinferenz, doch ist darauf zu achten, dass die inhaltlichen Bezüge erhalten bleiben. Wissensakquisition meint darüber hinaus auch einen „konstruktiven Verständigungs- und Modellierungsprozess", der die Wahrnehmung von Welt in einen sinnlichen und kognitiven Erkennensprozess überführt, um neues Wissen zu erwerben ([An94, S. 166]).

Mit *Wissenskommunikation* wird die „inhaltliche Rekonstruktion und Interpretation in einem zwischenmenschlichen Argumentations- und Verständigungsprozess" ([An94, S. 167]) von Wissen beschrieben. Dabei kommen Elemente der Wissensrepräsentation zum Einsatz, wie „begriffliche Wissensstrukturen, um Wissen intersubjektiv zu vermitteln", und Diagramme. In der Wissenskommunikation geht es ganz zentral darum, Wissen konkret anzuwenden, aber auch eine Auseinandersetzung über die verwendeten Kommunikationswerkzeuge zu führen und in die „prozesshafte Weiterentwicklung und Generierung von neuem anspruchsvollem Wissen" einzusteigen.

1.3 Begriffliche Wissenskommunikation mit Liniendiagrammen

Für eine erfolgreiche Wissenskommunikation ist die grafische Darstellung von begrifflichen Strukturen besonders bedeutsam. Die Begriffliche Wissenskommunikation verwendet Liniendiagramme als begriffliche Struktur für die Kommunikation. Mit den Begrifflichen Wissenssystemen wurden Werkzeuge entwickelt, die eine Kommunikation über Wissen unterstützen, wie z.B. TOSCANA, eine Software, die bei der Verarbeitung von Datenbanken zu Liniendiagrammen hilft. Unter Begrifflicher Wissenskommunikation soll aber auch die Kommunikation über die Diagramme, ihre Strukturen, Inhalte und Aussagekraft verstanden werden. Liniendiagramme bauen dabei auf begriffliches Wissen auf, wie es in unserem allgemeinen Denken vorkommt. Mit Hilfe der Formalen Begriffsanalyse, die in Kapitel 2 genauer eingeführt wird, kann begriffliches Wissen in Liniendiagrammen dargestellt werden. Liniendiagramme sollen gleichsam Kommunikation anregen als auch fördern, indem sie Wissenszusammenhänge aufdecken und darstellen. Diagramme unterstützen die Auseinandersetzung und Verständigung über das mit ihnen dargestellte Wissensgebiet als solches, aber eben auch die Kommunikation über die Verfahren der Wissensverarbeitung, die Repräsentation und Darstellung in Liniendiagrammen, die Ziele und Zwecke konkret-denkender Wissensanwender und abstrakt-arbeitender Wissensverarbeiter, sowie die Diskussion über die Beschränktheit der Aussagekraft der Daten und die Grenzen der eingesetzten Verfahren der Verarbeitung und Darstellung.

1.3.1 Formale Begriffsanalyse in der Begrifflichen Wissenskommunikation

Die Restrukturierung der mathematischen Fachgebiete Verbandstheorie und Datenanalyse führte in den letzten 30 Jahren in Darmstadt zur Entstehung der Formalen Begriffsanalyse, die heute sehr erfolgreich als Werkzeug zur Wissenskommunikation in zahlreichen Anwendungen eingesetzt wird. Die Formale Begriffsanalyse verwendet dabei formale Begriffssysteme und knüpft an das menschliche Denken in Begriffen an. Dadurch wird die Distanz zwischen formaler Repräsentation und Inhaltlichem überbrückt und ein Verlust an Inhalt, der für viele andere formale Wissensrepräsentationen charakteristisch ist, verhindert.

Möglich wurde diese Entwicklung durch die konsequente Umsetzung von Hartmut von Hentigs Ausführungen zur Restrukturierung der Wissenschaften. Eine sog. Allgemeine Wissenschaft (vgl. auch Abschnitt 1.5) muss sich intensiv über Sinn und Bedeutung des eigenen Tuns auseinander setzen und mit der Allgemeinheit diskutieren. Um diesen Ansatz für die Mathematik wirksam werden zu lassen, entstand die Allgemeine Mathematik, die sich als Teilgebiet der Mathematik versteht. Sie benennt den Anteil von Allgemeiner Wissenschaft, der für die Mathematik relevant ist. Ihre Bemühungen zielen also insbesondere auf Antworten zu der Frage, was Mathematik für die Allgemeinheit bedeuten kann und soll (vgl. [Wi95b]).

Ausgehend von dem Verständnis, dass menschliches Denken in seinen Grundzügen immer logisches Denken ist, stellt sich die Formale Begriffsanalyse in die aristotelische Tradition und deren spätscholastischen Weiterführung bis zur Logik von Port Royal (vgl. [AN1662]), die die Lehre von Begriff, Urteil und Schluss ausführlich erläutert, und Begriffe mit Umfang und Inhalt als Ausgangspunkt für alles weitere Denken zugrunde legt.

Diese Auffassung von Begriff als Inbegriff der Wissenseinheit, d. h. als Verbindung einer Umfangsmenge der zugehörigen Gegenstände und eines Inhalts der zutreffenden Merkmale, findet sich sogar in den Normen DIN 2330 „Begriffe und Benennungen: Allgemeine Grundsätze" und DIN 2331 „Begriffssysteme und ihre Darstellung" wieder.

Die Formale Begriffsanalyse liefert eine formale Beschreibung von Begriffssystemen. Die entwickelten Methoden erlauben die Darstellung von Begriffshierarchien und Begrifflichen Wissenssystemen in sog. (beschrifteten) Liniendiagrammen. In diesen Liniendiagrammen werden formale Begriffe in ihrer Relation zueinander präsentiert. Ausgangspunkt dieses Verfahrens ist ein formaler Kontext, der aus einer Menge von Gegenständen, einer Menge von Merkmalen und einer Gegenstände und Merkmale verbindenden Relation besteht. Die Relation gibt an, wann ein Merkmal einem bestimmten Gegenstand zugeschrieben wird. Der formale Kontext kann durch eine Kreuztabelle dargestellt werden. Die Begriffe ergeben sich als aus Abstraktionen gewonnene allgemeine Vorstellungen. Sie bilden „Makros" in unserer Sprache, also Zusammenfassungen von allen Gegenständen mit genau den Merkmalen, die auf alle betrachteten Gegenstände zutreffen, zu einer „Denkeinheit" (vgl. [Wi96a]). Indem also nicht mehr alle Gegenstände und alle ihre Merkmale aufgezählt werden müssen, sondern die daraus abstrahierten Begriffe verwendet werden können, wird die Kommunikation unterstützt und vereinfacht. Ein formaler Begriff (bestehend aus Umfang und Inhalt) umfasst in seinem Umfang genau alle Gegenstände eines gegebenen Kontextes, die alle Merkmale des Inhalts gemeinsam haben. Genauso umfasst der Inhalt genau alle Merkmale, die auf alle Gegenstände des Umfangs zutreffen. Ordnet man alle formalen Begriffe eines Kontextes mit der Oberbegriff-Unterbegriff-Relation, erhält man einen sog. Begriffsverband, den man in einem Liniendiagramm repräsentieren kann. Dort werden die Begriffe als kleine Kreise und die Oberbegriff-Unterbegriff-Relation als verbindende Striche zwischen den Begriffskreisen dargestellt (vgl. [Wi95a]).

1.3.2 Begriffe als Grundlage der Begrifflichen Wissenskommunikation

Liniendiagramme sind durch ihre formale Repräsentation gut lesbar und leicht erfassbar, um die Kommunikation über den durch sie dargestellten Wissensausschnitt zu unterstützen. Indem sie das menschliche Begriffsverständnis aufgreifen, erfüllen sie eine Brückenfunktion zwischen formaler Repräsentation und inhaltlichem Denken. Viele Verfahren zur

Wissenskommunikation erfahren mit ihren Formalisierungen und abgeleiteten Darstellungen eine gewisse Verkürzung und Verselbstständigung. Entgegen diesen bleibt die Darstellung in Liniendiagrammen sehr transparent, da jeder Wissensbaustein des formalen Kontexts auch im Liniendiagramm wieder abgelesen werden kann.

Liniendiagramme erreichen diese umfassende Wirkung in der Wissenskommunikation, indem sie Wissen erschließen und damit den Zugang zu Information leichter und ganzheitlicher ermöglichen als z. B. Datentabellen dies tun können: Liniendiagramme bieten nicht nur die „rohen" Daten an, sondern stellen diese in strukturellen Zusammenhängen dar.

Außerdem sind Liniendiagramme von Begriffsverbänden durch die dargestellten Begriffshierarchien und die zu Grunde liegenden Begriffe dicht am menschlichen Denken, das sich stark in und durch Begriffe und begriffliche Strukturen kennzeichnet. Dadurch sind diese Formen der Wissensrepräsentation und die auftretenden begrifflichen Strukturen dem Anwender leichter zugänglich. Die Liniendiagramme bedienen sich struktureller Elemente, die uns auch aus anderen Zusammenhängen vertraut sind. Sie setzen sich zusammen aus Begriffen (den Grundformen unseres Denkens), die in den Diagrammen durch Linien in der zugrundeliegenden Begriffshierarchie (Ordnung) dargestellt werden.

Die Begriffliche Wissensverarbeitung geht von der Annahme aus, dass Begriffe und Bedeutungen grundlegend für unser Denken und Handeln, und somit auch für den Wissenserwerb und die Wissenskommunikation sind, wie Seiler ausführt:

> „Begriffe sind danach [nach der konstruktivistischen und strukturgenetischen Perspektive] als Einheiten des Erkennens, Denkens und Wissens zu verstehen, denen eine doppelte Natur zukommt: Einerseits sind sie als Ergebnisse von kognitiven Prozessen zu sehen, andererseits stellen sie Entwürfe von eben solchen Prozessen dar, die jederzeit wieder reaktualisiert werden können." [Se01, S. 210]

Begriffe sind also gleichermaßen Voraussetzung und Produkt unseres Denkens, wie auch für unsere Sprache. Sie sind „nicht nur ein Mittel zur Kommunikation, sondern auch ein Instrument des Denkens" [Se01, S. 48]. Besonders die Zeichenfunktion der Sprache und die Repräsentation von Sprache mit Zeichen, auf die sich unser Denken stützen kann, ist für die Ausbildung von anspruchsvollem Wissen nötig.

„Erst recht könnte das Denken niemals den Grad an Abstraktion, Differen-
ziertheit, Stringenz und Beweglichkeit erlangen, der es auszeichnet, ohne sich
auf das Hilfsmittel von sprachlichen Zeichen zu stützen." [Se01, S. 48]

Liniendiagramme in der Begrifflichen Wissenskommunikation wollen genau diese Funktion des „sprachlichen Zeichens" einnehmen. Wissen und die Repräsentationen in Begriffen
bleiben nicht abstrakt, sondern „materialisieren" sich in Liniendiagrammen; Zusammenhänge bekommen Gestalt und die Ordnungslinien verleiten förmlich dazu an ihnen entlang
zu fahren und Zusammenhänge zu erschließen und zu entdecken. Zudem lebt die Methode der Formalen Begriffsanalyse davon, dass alle Ausgangsdaten im Verarbeitungsprozess
immer sichtbar bleiben, sodass sich an der konkreten Darstellung auch Fehler und Lücken
in der Datenbasis schnell und für alle transparent aufdecken bzw. schließen lassen.

Die Darstellung mit Liniendiagrammen basiert zwar auf abstrakten mathematischen
Methoden, aber es werden keine Inhalte im Verarbeitungsprozess verschluckt, sondern
vielmehr erst aufgedeckt und immer mit kommuniziert: Die Liniendiagramme werden
zum Träger von Sinn und Bedeutung von Wissen.

1.4 Wissenskommunikation in Management und Informatik

Parallel zur Entwicklung Begrifflicher Wissenssysteme war Wissenskommunikation auch
in vielen anderen Anwendungsfeldern ein großes Thema der wissenschaftlichen Untersuchungen in den letzten Jahrzehnten und hat auch den weiteren Entwicklungsprozess der
Begrifflichen Wissensverarbeitung befruchtet. In anderen Zugängen zur Wissenskommunikation wird sie als „externe Repräsentation unter den Begriff der Wissensrepräsentation
subsumiert" [Wi98, S. 60]. Die grafische Darstellung ist ein wichtiger Teil der Wissenskommunikation, jedoch sollen in der Begrifflichen Wissenskommunikation auch kommu-
nikative Aspekte über die Darstellung hinaus erfasst werden. Um Gemeinsamkeiten und
Unterschiede des Verständnisses von Wissenskommunikation in anderen Anwendungsbereichen besser zu verstehen, wird hier Wissenskommunikation im Wissensmanagement
der Wirtschaftswissenschaften und Organisationspsychologie, sowie in der Informatik diskutiert.

1.4.1 Wissenskommunikation im Wissensmanagement

Wissensmanagement hat sich als Fachgebiet der Wirtschaftswissenschaften in den 90er Jahren herausgebildet und bezeichnet dort den bewussten und systematischen Umgang mit der Ressource Wissen und den zielgerichteten Einsatz von Wissen in einer Organisation. Damit umfasst Wissensmanagement die Gesamtheit aller Konzepte, Strategien und Methoden zur Schaffung einer „intelligenten", also lernenden Organisation (vgl. [RM01, S. 18]).

Die Vorstellungen im Wissensmanagement passen gut zu den Begriffsbestimmungen der Wissensverarbeitung, die auf den drei Standbeinen Mensch, Organisation und Technik ruht. Es ist sehr bemerkenswert, dass hier auch die Bedeutung der Organisation als wissensfreundliche Kultur und der Mensch, der als Wissensträger den Kern aller Wissensmanagementprozesse bildet, klar herausgestellt werden – neben der Technik, die Infrastruktur und Werkzeuge gestalten soll und in anderen Ansätzen oftmals stark in den Vordergrund rückt (vgl. [RM01, S. 18]).

In ihrer Theorie des Wissensmanagements kann man vier Prozessbereiche unterscheiden (vgl. [RM01, 21]), die den vier Aspekten der Begrifflichen Wissensverarbeitung sehr ähnlich sind:

- Wissensrepräsentation: vorhandenes Wissen handhabbar machen und Wissenstransparenz herstellen,

- Wissensgenerierung: Neues Wissen in das Unternehmen holen und innovative Ideen im Unternehmen entwickeln,

- Wissensnutzung: Wissen in Entscheidungen und Produkte umsetzen und innovativen Ideen Taten folgen lassen,

- Wissenskommunikation: Bestehendes Wissen im Unternehmen verteilen, untereinander teilen und Erfahrungsaustausch praktizieren.

Wissensrepräsentation umfasst Prozesse wie Identifizieren von Wissen sowie verschiedene Formen der Kodifizierung, Dokumentation und Speicherung von Wissen. Zur Wissensgenerierung zählen Prozesse externer Wissensbeschaffung, Einrichten spezieller Wissensressourcen sowie Schaffung personaler und technischer Wissensnetzwerke. Wissensnutzung schließlich beinhaltet Prozesse wie die Umsetzung von Wissen in Entscheidungen und Handlungen sowie die Transformation von Wissen in Produkte und Dienstleistungen.

Unter Wissenskommunikation lassen sich Prozesse wie Verteilen von Information und Wissen, Vermittlung von Wissen, Teilen und gemeinsame Konstruktion von Wissen sowie wissensbasierte Kooperation fassen.

Im Rahmen der Wissenskommunikation sollen die Akteure Information und Wissen verteilen, Wissen vermitteln und weitergeben, Wissen untereinander teilen, Wissen im Team gemeinsam konstruieren und in wissensbasierten Dingen kooperieren, mit dem Ziel „den Wissensfluss in Gang zu bringen, aufrecht zu erhalten und zu intensivieren, (...) Austausch anzukurbeln und (...) die Kommunikationskultur zu verbessern." [RM01, S. 35]

Das Verständnis der Wissenskommunikation im Wissensmanagement lässt sich zusammenfassen als „die (meist) absichtsvolle, interaktive Konstruktion und Vermittlung von Erkenntnis und Fertigkeit auf der verbalen und nonverbalen Ebene." [ER04]

Bei Probst (vgl. [PRR99]) finden sich acht „Bausteine" des Wissensmanagements, die teilweise über die eben vorgestellten Aspekte hinausgehen, indem sie die Metaebene ansprechen. So sind hier die Bausteine „Wissensziele" und „Wissensbewertung" Elemente des Wissensmanagements, die sich nach Probst durch die anderen Aspekte hindurchziehen.

Wissensmanagement und damit auch Wissenskommunikation wird als entscheidender Impuls für Innovationen und Lernen von Unternehmen und Organisationen gesehen, mit dessen Hilfe man die anderen Aspekte bewerten kann. An dieser Stelle treffen sich die Ziele des Wissensmanagements mit denen der Begrifflichen Wissensverarbeitung, die in ihrem Werkzeug-Charakter zur Unterstützung des Wissensmanagements beitragen kann – durch eine gute Repräsentation und Kommunikation von Wissen mittels Liniendiagrammen.

1.4.2 Wissenskommunikation in der Informatik

Wissenskommunikation in der Informatik wird oft als „Mensch-Maschine-Kommunikation" verstanden. Damit ist die Schnittstelle zwischen „dem Menschen als Nutzer und dem System als Instrument der Wissensvermittlung und Problemlösung" [ZLS92, S. xi] gemeint.

Es geht in der Informatik um Fragen der Interaktion des Menschen mit dem Computer und der (technischen) Verbesserung der Schnittstelle sowie die Frage, wie Systeme die Kooperation von Benutzern unterstützen können.

In den 90er Jahren wurde der Begriff der „Informationsgesellschaft" geprägt. Man be-

zeichnete damit eine Gesellschaft, die zunehmend von der Bereitstellung und Weiterverarbeitung von Information abhängig wurde, und mit der breiten Vernetzung der Menschen
durch das rasant wachsende Internet die Gestaltung der Informationstechnologie in Form
von leistungsfähigen Rechnern und Datennetzen im Vordergrund standen. Steinmüller
machte 1993 folgende Prognose:

> „Man kann davon ausgehen, dass die Tendenz zur Vernetzung Ende der 90er
> Jahre zu einem weltumfassenden Daten- und Kommunikationsverbund mit
> zahlreichen lokalen, nationalen, europäischen und internationalen Netzen für
> Wirtschaft, Staat und vor allem dem wachsenden intermediären Bereich (der
> Verbände, Parteien und der Reproduktion) führt. Durch Industriefertigung
> und Computerpower aus zentralisierten oder verteilten Großrechenzentren wird
> programmierte 'Kommunikation' zur Regel, zwischenmenschliche Kommuni-
> kation immer mehr zur Ausnahme." [St93]

Kommunikation spielte in der öffentlichen Diskussion vor allem im Zusammenhang mit
Kommunikationsmedien, d.h. mit technischen Lösungen zur Übertragung von Informationen als Kommunikationsbestandteilen eine Rolle. Auch die Unterscheidung in „dialogische
Medien" und „diskursive Medien", wie sie Flusser vornimmt, beschäftigt sich nur mit Information, die in dialogischen Medien erzeugt und in diskursiven Medien verteilt und
bewahrt werden (vgl. [Fl96]).

Um diesen Entwicklungen entgegenzuwirken, haben sich 1993 einige kritische Forscher
aus der Informatik und anderen Wissenschaften dafür eingesetzt, eine „menschengerechte
Wissensverarbeitung" zu entwickeln. In diesem Zusammenhang wurde das Ernst-Schröder-Zentrum für Begriffliche Wissensverarbeitung gegründet, um auch von Seite der Mathematik die Entwicklungen der Wissensverarbeitung kritisch zu begleiten.

> „ 'Menschengerechte Wissensverarbeitung' benennt eine Leitvorstellung, un-
> ter der sich Human- und Sozialwissenschaftler, Mathematiker, Informatiker
> und Informationswissenschaftler zusammengefunden haben, um sich für einen
> menschengerechten Umgang mit Medien und Werkzeugen der Verarbeitung
> und Vermittlung von Daten und Wissen einzusetzen. Insbesondere wollen sie
> einem drohenden Abbau kognitiver Autonomie durch Daten-, Wissens- und
> Informationssysteme, die vom Menschen nicht angemessen kontrolliert wer-
> den können, entgegenwirken. Sie befürworten Methoden und Instrumente der

Daten- und Wissensverarbeitung, die Menschen im rationalen Denken, Urteilen und Handeln unterstützen und den kritischen Diskurs fördern."
[Wi96b, S. 87]

Die zentralen Anliegen des Ernst-Schröder-Zentrums e.v. werden in der Satzung des Zentrums sehr gut zusammengefasst:

„Das ERNSTSCHRÖDERZENTRUM FÜR BEGRIFFLICHE WISSENSVERARBEITUNG E.V. fördert Ausbildung, Forschung, Entwicklung und Anwendung auf dem Gebiet der Begrifflichen Wissensverarbeitung. Dazu werden vom Zentrum Seminare, Tagungen, sowie Aus- und Fortbildungskurse veranstaltet. Grundsätzlich geht es dem Zentrum um kritische Bestandsaufnahme, Entwicklung und Vermittlung von Ergebnissen, Methoden, Verfahren und Programen der Begrifflichen Wissensverarbeitung." [ESZ]

Das Ernst-Schröder-Zentrum e.v. stellt also den Menschen bzw. die menschliche Kommunikationsgemeinschaft ins Zentrum der Betrachtung, die Technologien sollten die Kommunikation unterstützen. Dieser Ansatz lebt aber vor allem im Bereich der kritischen Informatik weiter, während der Mainstream weiterhin von Mechanisierung und Maschinisierung der Wissensverarbeitung geleitet ist.

Erst als die Verheißungen der Künstlichen Intelligenz in der Informatik nicht mehr erfüllbar schienen und die Informationstechnologie eben nicht nur für Informationsverarbeitung, sondern auch zur echten Wissenserschließung und Wissenskommunikation eingesetzt werden sollten, erwachte das Bewusstsein für einen wissensbasierten und auf zwischenmenschliche Kommunikation ausgerichteten Einsatz der Informatik. Belebt werden diese Tendenzen durch Projekte mit Anwendern, die viel mit Wissen arbeiten, und Anforderungen aus der Kommunikations- und Sprachwissenschaft, indem neue Kommunikationsmittel und Wissensrepräsenationsformen entwickelt werden.

1.5 Allgemeine Wissenschaft als transdisziplinärer Ansatz der Wissenskommunikation

Wissenschaft als Produzent, Anwender und Träger von Wissen hat für die Wissenskommunikation eine besondere Verantwortung. Insbesondere muss sie Methoden und Mittel bereitstellen, sowie eine Kommunikation über Fragen nach ihrem Sinn und Zweck, nach Zielen, über Bedeutung und Grenzen ermöglichen. Deshalb müssen Wissenschaften, wie Hentig in seinem Buch „Magier oder Magister? Über die Einheit der Wissenschaft im Verständigungsprozess" fordert,

> „ihre Disziplinarität überprüfen, und das heißt, ihre unbewußten Zwecke aufdecken, ihre bewußten Zwecke deklarieren, ihre Mittel danach auswählen und ausrichten und ihre Berechtigung, ihre Ansprüche, ihre möglichen Folgen öffentlich und verständlich darlegen und dazu ihren Erkenntnisweg und ihre Ergebnisse über die Gemeinsprache zugänglich machen." [Hen74, S. 136f.] „Die immer notwendiger werdende Restrukturierung der Wissenschaften in sich – um sie besser lernbar, gegenseitig verfügbar und allgemeiner (d.h. auch jenseits der Fachkompetenz) kritisierbar zu machen – kann und muß nach Mustern vorgenommen werden, die den allgemeinen Wahrnehmungs-, Denk- und Handlungsformen unserer Zivilisation entnommen sind." [Hen74, S. 33f]

Diese Forderung nach einer *guten* Disziplinarität wurde von Rudolf Wille aufgegriffen, indem er ein Verständnis von Allgemeiner Wissenschaft entwickelte, das charakterisiert wird durch:

- die *Einstellung*, Wissenschaft für die Allgemeinheit zu öffnen, sie prinzipiell lernbar und kritisierbar zu machen,

- die *Darstellung* wissenschaftlicher Entwicklungen in ihren Sinngebungen, Bedeutungen und Bedingungen,

- die *Vermittlung* der Wissenschaft in ihrem lebensweltlichem Zusammenhang über die Fachgrenzen hinaus,

- die *Auseinandersetzung* über Ziele, Verfahren, Wertvorstellungen und Geltungsansprüche der Wissenschaft (vgl. [Wi88]).

Das stark auf Verständigung und Kommunikation bezogene Verständnis von Wissenschaft bedeutet für eine gute Disziplinarität der Wissenschaften,

> „dass sie fähig und willens sind, ihr Fach und seine Wirkungen der Allgemeinheit zu vermitteln und sich damit der gesellschaftlichen Auseinandersetzung

zu stellen, anders gesagt: dass sie ihren Teil an Allgemeiner Wissenschaft in möglichst großer Breite entwickeln, pflegen und aktivieren." [Wi02b]

Wenn Wissenschaften dieses im Streben nach *guter* Disziplinarität umsetzen, leisten sie einen wesentlichen Beitrag zu einem transdisziplinären Arbeiten, das darauf hinwirkt,

> „dass ihre Denkweisen über die Grenzen hinaus rational verständlich, verfügbar und aktivierbar werden, insbesondere zu Lösungen von Problemen beitragen zu können, die rein disziplinär nicht zu bewältigen sind." [Wi02b]

Transdisziplinäre Forschung fördert die Wissenskommunikation zwischen den wissenschaftlichen Disziplinen, die für das Gelingen von interdisziplinären Projekten ganz entscheidend ist. Die Allgemeine Wissenschaft beschreibt die Voraussetzungen für eine erfolgreiche Wissenskommunikation und gibt Maßstäbe für eine „gute" wissenschaftsdisziplinäre Arbeit vor. Damit ist aber auch die Voraussetzung für die Kommunikation von Wissenschaft mit der Allgemeinheit geschaffen. Gerade in Anwendungsprojekten ist es unerlässlich, dass die beteiligten Wissenschaften ihre Beiträge verständlich mit der Allgemeinheit kommunizieren und ebenso Anforderungen und Erwartungen aus der Allgemeinheit heraus formuliert, eingebracht und auch berücksichtigt werden können.

Wissenskommunikation greift häufig als Werkzeug zurück auf symbolische und formale Beschreibungen von Wissen. Dies stellt eine starke Begrenztheit der Kommunikationsmöglichkeiten dar, bietet aber auch die Chance bewährte Konzepte zur Verarbeitung und Darstellung von formalen Systemen zu nutzen. Um nicht Gefahr zu laufen, durch die formale Beschreibung bei einer mechanistischen Wissensverarbeitung zu landen, sollen die eingesetzten Werkzeuge die Standards der Allgemeinen Wissenschaft erfüllen, wie sie von Wille in [Wi95b] vorgelegt werden.

Bei der Beschreibung komplexer Realität neigen viele dazu, sich in übertriebene Abstraktheit und Exaktheit zu begeben, und geben damit die *Einstellung* auf, ihre verwendeten Verfahren der Wissensverarbeitung offen zu legen, d.h. dem interessierten Laien das Lernen und die Kritik prinzipiell zu ermöglichen.

Die *Darstellung* von Sinn, Bedeutung und Bedingungen der Kommunikationsmittel fällt leichter, wenn die Werkzeuge zur Wissenskommunikation in einen geschichtlichen Rahmen eingeordnet werden. Eine Restrukturierung des Wissensgebiets nach Hentig führt zu einem besseren Allgemeinverständnis.

In der Wissenskommunikation müssen die Prinzipien, Methoden, Aufgaben und Zusammenhänge verstehbar gemacht werden. Dazu sind reichhaltige Ausdrucksmittel wie die der Gemeinsprache notwendig für die *Vermittlung* über diziplinäre Grenzen hinaus und in lebensweltliche Zusammenhänge hinein.

Die Kommunikationspartner müssen in eine *Auseinandersetzung* über Ziele, Verfahren, vorhandene Wertvorstellungen und die Geltungsansprüche der verwendeten Mittel eintreten, um eine gemeinsame Basis für Wissenskommunikation herzustellen.

Abschließend sei aus dem Antrag für ein Forschungszentrum für Begriffliche Wissensverarbeitung zitiert, das die wesentlichen Aspekte des Anliegens, Allgemeine Mathematik als Methodologie der Wissenskommunikation vorzustellen, zusammenfasst:

„*Menschengerechte Wissensverarbeitung* verstanden als *Begriffliche Wissensverarbeitung* heißt, die Verbindung zwischen menschlichem Denken und maschineller Symbolverarbeitung auf der Ebene der *Begriffe* zu verankern. Philosophisch wird dieser Ansatz gestützt durch die Auffassung, daß der Begriff die einfachste Form des Denkens ist und daß Erkenntnis und Wissen sich in Urteilen ausdrücken, die jeweils aus Begriffen gebildet sind. Demnach ist bei der Wissensverarbeitung stets zu klären, in welcher Weise Begriffe (und Urteile) *formalisiert* und in formalisierter Form *verarbeitet* werden und wie diese Formalisierung und Verarbeitung das inhaltliche Denken der Menschen beeinflußt. *Sinn* und *Bedeutung* der Begrifflichen Wissensverarbeitung liegen letztendlich darin, daß sie Menschen im rationalen Denken, Urteilen und Handeln und in der zwischenmenschlichen Auseinandersetzung und Verständigung zu unterstützen vermag." [Wi98, S. 14]

2 Liniendiagramme in der Formalen Begriffsanalyse

Die Formale Begriffsanalyse beschreibt eine mathematische Methode, wie eine Datentabelle in ein Liniendiagramm transformiert werden kann. Um diesen Übergang zu verstehen, sind einige Grundlagen aus der Mengensprache, Ordnungstheorie und Verbandstheorie nötig. Die in Formaler Begriffsanalyse vorkommenden Ordnungsstrukturen sind Verbände, die sich durch Liniendiagramme gut repräsentieren lassen. Aber auch andere diagrammatische Darstellungen wie Begriffsgraphen oder Informationskarten sind gute Ausdrucksmittel in der Begrifflichen Wissenskommunikation.

2.1 Mathematische Grundlagen: Mengensprache und Ordnungstheorie

Zunächst sollen die Grundbegriffe und -bedeutungen von Mengenlehre und Ordnungstheorie erläutert werden.

Die Mengensprache ist ein grundlegendes Beschreibungsmittel in der Mathematik. Das Zusammenfassen von Objekten zu einem neuen Denkgegenstand ist uns aber auch aus dem Alltag vertraut: So bilden mehrere Schülerinnen und Schüler eine Schulklasse. Und auch die Zahlen werden zu Mengen zusammengefasst, wie z. B. $1, 2, 3, \ldots$ zur Menge der natürlichen Zahlen $\mathbb{N}$. Die Elemente werden dabei in geschweiften Klammern aufgelistet, also $\mathbb{N} = \{1, 2, 3, \ldots\}$. Dass ein Element x in einer Menge enthalten ist, wird durch die symbolische Schreibweise $x \in M$ ausgedrückt. Betrachtet man nur einen bestimmten Ausschnitt A von Elementen der Menge M, nennt man diesen eine Teilmenge und schreibt $A \subseteq M$.

Die Elemente einer Menge stehen häufig in einer Relation zu Elementen einer anderen

Menge oder auch zu Elementen aus der gleichen Menge. Man nennt eine Relation R *binär*, wenn diese Relation jeweils auf Paare von Elementen zutrifft. So könnte man auf der Menge der Schülerinnen und Schüler einer Schulklasse z. B. die binäre Relation „ist älter als" einführen, um das Alter von Schülerinnen und Schülern zu vergleichen. Stehen zwei Elemente x, y in einer Relation R, schreibt man auch xRy.

Eine binäre Relation beschreibt dabei eine *Ordnung* auf einer Menge M durch die folgenden Eigenschaften für alle Elemente $x, y \in M$:

- Reflexivität, d. h. jedes Element steht mit sich selbst in Relation: xRx

- Antisymmetrie, d. h. wenn ein Element in Relation zu einem davon verschiedenen Element, steht folgt daraus, dass dies nicht anders herum auch gilt.

  Im Beispiel von oben bedeutet das folgendes: Wenn Schüler Max älter ist als Schüler Peter, dann kann nicht gleichzeitig gelten, dass Peter älter ist als Max. Symbolisch wird dies so ausgedrückt: xRy und $x \neq y \Rightarrow$ nicht yRx

- Transitivität, d. h. steht ein erstes Element in Relation zu einem zweiten, und dieses wiederum in Relation zu einem dritten Element, so darf man schließen, dass auch das erste in Relation zu dem dritten Element steht: xRy und $yRz \Rightarrow xRz$

Solche Ordnungen ermöglichen es, Elemente einer Menge miteinander zu vergleichen und sie bzgl. einer bestimmten Eigenschaft in eine Reihenfolge zu bringen.

Die Relation „ist älter als" stellt übrigens keine Ordnung dar, weil die erste Bedingung nicht erfüllt wird, also ein Schüler nicht älter als er selbst sein kann. Ändert man die Relation in „ist älter oder gleich alt" ab wird mathematisch eine Ordnung daraus. Andere Ordnungsrelationen kennen wir auch wieder bei den natürlichen Zahlen, wo die Zahlen mit $\leq$ entsprechend ihrem Zahlenwert geordnet werden können. Eine Menge, deren Elemente in einer Ordnungsrelation stehen, wird eine *geordnete Menge* genannt.

Geordnete Mengen sind nun der Ausgangspunkt für die weiteren Betrachtungen. Eine Teilmenge $A \subseteq O$ einer geordneten Menge O hat eine obere Schranke von A, wenn es ein Element $x \in O$ gibt, sodass alle Elemente der Teilmenge A bzgl. der gegebenen Ordnung unterhalb vom Element x liegen. Das Element x heißt *obere Schranke* von A, wenn $a \leq x$ für alle $a \in A$ gilt. Ein Element $m \in O$ heißt *untere Schranke* von A, wenn $m \leq a$ für alle $a \in A$ gilt.

Hat die Menge aller oberen Schranken $M^o := \{x \in O \mid a \leq x \text{ für alle } a \in A\}$ zu einer geordenten Menge A ein kleinstes Element, so heißt dies *kleinste obere Schranke* oder *Supremum*. Als *größte untere Schranke* oder *Infimum* bezeichnet man das größte Element der Menge der unteren Schranken M^u.

Eine geordnete Menge $V := (V, \leq)$ ist ein *Verband*, wenn zu je zwei Elementen $x, y \in V$ stets das Supremum $x \vee y$ und das Infimum $x \wedge y$ existieren. Für das Supremum $x \vee y$ sagt man auch *Verbindung*, für das Infimum $x \wedge y$ *Schnitt*.

Existiert zu jeder beliebigen Teilmenge $X \subseteq V$ das Supremum $\bigvee X$ und das Infimum $\bigwedge X$, so nennt man die geordnete Menge einen *vollständigen Verband*. Damit existiert in jedem Verband ein größtes Element, oft mit „1" oder „$\top$" bezeichnet, und eine kleinstes Element, das „0" oder „$\bot$" heißt.

Für die Verbandsoperationen gilt dann, dass $x \vee y = y$ und $x \wedge y = x$, genau dann, wenn $x \leq y$. In einer geordneten Menge müssen Suprema bzw. Infima nicht immer existieren, weil zwei Elemente entweder keine gemeinsame obere bzw. untere Schranke haben oder es keine kleinste obere bzw. größte untere Schranke gibt.

In einem Verband V ist ein Element $x \in V$ *supremum-irreduzibel ($\vee$-irreduzibel)*, wenn

1. $x \neq 0$,

2. $x = a \vee b$ impliziert $x = a$ oder $x = b$ für alle $a, b \in V$.

Die zweite Bedingung kann auch anschaulicher als $a < x$ und $b < x$ impliziert $a \vee b < x$ für alle $a, b \in V$ ausgedrückt werden. Ein *infimum-irreduzibles ($\wedge$-irreduzibel)* Element wird dual definiert: $x \in V$ ist $\wedge$-irreduzibel, wenn $x \neq 0$ und wenn aus $x = a \wedge b$ folgt, dass entweder $x = a$ oder $x = b$ für alle $a, b \in V$.

Eine Teilmenge $P \subseteq O$ einer geordneten Menge O wird *supremum-dicht* in O genannt, wenn für jedes Element $a \in P$ eine Teilmenge $A \subseteq P$ existiert, sodass $a = \bigvee_O A$ gilt. Dual zu supremum-dicht lässt sich *infimum-dicht* definieren.

In einer geordneten Menge $(O, \leq)$ sagt man, o_1 ist *oberer Nachbar* von o_2 (oder o_2 ist unterer Nachbar von o_1) für Elemente $o_1, o_2 \in O$ und schreibt $o_1 \prec o_2$, wenn aus $o_1 < o_2$ und $o_1 \leq p < o_2$ folgt, dass $p = o_1$. Das bedeutet, es gibt kein Element $p \in O$, das „zwischen" o_1 und o_2 liegt, also kein Element p mit $o_1 < p < o_2$.

2.2 Grundlagen der Datenanalyse und Formale Kontexte

Eine im Alltag sehr verbreitete und nützliche Darstellung von Daten geschieht in Form von Tabellen. Dabei bietet sich eine Fülle von Möglichkeiten, wie die Datentabellen aussehen können. Eine elementare Form sind dabei die sog. Kreuztabellen. In ihnen lassen sich bestimmte Daten wie z. B. der Zusammenhang von einer Menge von Gegenständen und ihren Eigenschaften gut darstellen, indem man die Zeilen der Tabelle mit den betreffenden Gegenstandsnamen, die Spalten mit den Merkmalsnamen beschriftet. Durch ein Kreuz in Zeile g und Spalte m wie in Tabelle 2.1 wird ausgedrückt, dass der Gegenstand g das Merkmal m hat.

Tabelle 2.1: Der Gegenstand g hat das Merkmal m

Diese Form der Datentabelle wird durch einen sog. *formalen Kontext* mathematisiert: Ein formaler Kontext ist ein Tripel $\mathbb{K} := (G, M, I)$, bestehend aus den Mengen G und M, deren Elemente Gegenstände bzw. Merkmale genannt werden, und einer binären Inzidenzrelation $I \subseteq G \times M$. Die Relation gibt an, ob eine Beziehung zwischen einem Gegenstand und einem Merkmal besteht, d. h. gIm bedeutet, dass der Gegenstand g das Merkmal m besitzt. Veranschaulicht wird dies durch ein Kreuz in der Tabelle.

Diese formalen Kontexte bilden die Grundlage für die weitere Bearbeitung mit den Methoden der *Formalen Begriffsanalyse*. Begriffe bilden die elementaren Formen unseres Denkens und haben damit eine zentrale Funktion für unsere Kommunikation und die Möglichkeit zur Erkenntnis. Die Begriffe ergeben sich als aus Abstraktionen gewonnene allgemeine Vorstellungen. Sie bilden „Makros" in unserer Sprache, also Zusammenfassungen von allen Gegenständen mit gewissen Merkmalen zu einer „Denkeinheit" (vgl. [Wi96a]). Indem wir also nicht mehr alle Gegenstände und alle ihre Merkmale aufzählen müssen, sondern Begriffe verwenden, unterstützen und vereinfachen wir die Verständigung.

2.3 Begriffsverbände und ihre Darstellung in Liniendiagrammen

Die Formale Begriffsanalyse stellt eine Mathematisierung dieses Begriffsverständnisses bereit und erklärt, wie Begriffe aus einem gegebenen Datensatz abstrahiert und in einem Ordnungssystem veranschaulicht werden können (vgl. [GW96]).

Um aus einem formalen Kontext (G, M, I) die formalen Begriffe zu erhalten, werden zu einer Teilmenge $X \subseteq G$ von Gegenständen und einer Teilmenge $Y \subseteq M$ von Merkmalen zwei *Ableitungsoperatoren* definiert:

$$X' := \{m \in M \mid gIm \text{ für alle } g \in X\}$$

$$Y' := \{g \in G \mid gIm \text{ für alle } m \in Y\}$$

X' ist die Menge derjenigen Merkmale, die allen Gegenständen von X gemeinsam sind. Y' ist die Menge derjenigen Gegenstände, die alle Merkmale aus Y besitzen.

Um den Bezug zur Inzidenzrelation I herzustellen, schreibt man statt X' bzw. Y' auch X^I bzw. Y^I.

Ein Paar (A, B) mit $A \subseteq G$ und $B \subseteq M$ heißt *formaler Begriff*, wenn $A' = B$ und $B' = A$ gilt. A wird *Umfang* oder auch die Extension $Ext((A, B))$ des Begriffs (A, B), B *Inhalt*, oder auch Intension $Int((A, B))$, des Begriffs (A, B) genannt (vgl. Tab. 2.2).

		B	
A		××××× ××××× ×××××	

Tabelle 2.2: Die formalen Begriffe ergeben sich als maximale Rechtecke von Kreuzen

Die Menge $\mathfrak{B}(G, M, I)$ aller Begriffe zu einem Kontext kann hierarchisch geordnet werden. Dabei heißt ein Begriff (A, B) *Unterbegriff* von einem Begriff (C, D) bzw. (C, D) *Oberbegriff* von (A, B), wenn $A \subseteq C$ oder damit gleichbedeutend $B \supseteq D$ gilt, und man schreibt $(A, B) \leq (C, D)$. Der Oberbegriff eines Begriffs umfasst demnach mehr Gegenstände in seinem Umfang, aber weniger Merkmale im Inhalt. Für den Unterbegriff gilt umgekehrt, dass zu seinem Inhalt weitere Merkmale hinzukommen müssen, der Begriff also spezifischer wird, und damit weniger Gegenstände im Umfang enthalten sind.

Für eine Teilmenge A der Gegenstandsmenge G eines Kontextes (G, M, I) ist A' ein *Begriffsinhalt* und somit das Paar (A'', A') stets ein Begriff, und zwar der kleinste, dessen Umfang A umfasst. Ebenso ist B' für die Teilmenge B der Merkmalmenge M ein *Begriffsumfang* und das Paar (B', B'') der größte Begriff, dessen Inhalt B umfasst.

Für einen Gegenstand g heißt $\gamma g := (\{g\}'', \{g\}')$ der *Gegenstandsbegriff* von g, und für ein Merkmal m wird $\mu m := (\{m\}', \{m\}'')$ der *Merkmalsbegriff* von m genannt. Für $g \in G$ bzw. $m \in M$ wird häufig g' statt $\{g\}'$ sowie m' statt $\{m\}'$ geschrieben.

Die Begriffe eines Kontextes (G, M, I) bilden mit der eben definierten Ordnung $\leq$ einen vollständigen Verband; man nennt ihn den *Begriffsverband* von (G, M, I) und bezeichnet ihn mit $\mathfrak{B}(G, M, I)$.

Dieser Begriffsverband kann durch Liniendiagramme dargestellt werden: Die Begriffe werden durch kleine Kreise dargestellt, die mit Linien so verbunden werden, dass Oberbegriffe in der Zeichenebene oberhalb ihrer Unterbegriffe stehen. Ein Begriff ist Unterbegriff eines anderen Begriffs, wenn er mit diesem wie in Abb. 2.1 gezeigt durch einen aufsteigenden Linienzug verbunden ist.

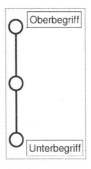

Abbildung 2.1: Darstellung der Begriffsordnung mit Liniendiagrammen

Die Gegenstandsbegriffe im Liniendiagramm werden mit den entsprechenden Gegenstandsnamen, die Merkmalsbegriffe mit den Merkmalsnamen beschriftet. Ein Begriff umfasst in seinem Umfang demnach all die Gegenstände, deren Namen an Unterbegriffen dieses Begriffs stehen. Die Merkmale des Inhalts des Begriffs lassen sich aus den Merkmalsnamen erschließen, die an den Oberbegriffen dieses Begriffs stehen. Ein Gegenstand hat genau dann ein Merkmal, wenn es vom Kreis des zugehörigen Gegenstandsbegriffs einen aufsteigenden Streckenzug zum Kreis des zugehörigen Merkmalsbegriff gibt oder wenn der Gegenstandsbegriff gleich dem Merkmalsbegriff ist (vgl. [Wi07]).

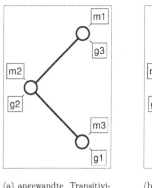 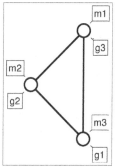

(a) angewandte Transitivität

(b) redundante Linie im Liniendiagramm

Abbildung 2.2: Transitivität in Liniendiagrammen

Entscheidend bei der Darstellung in Liniendiagrammen ist, die Transitivität der Ordnung auszunutzen, d. h. keine redundanten Linien einzutragen. Nach der eben eingeführten Leseregel in Liniendiagramme impliziert eine Darstellung wie in Abbildung 2.2(a), dass der Gegenstand g_1 nicht nur das direkt an diesem Kreis stehende Merkmal m_3 hat, sondern auch die Merkmale m_2 und m_1 zum Inhalt des untersten Begriffs gehören, da diese Merkmale über aufsteigende Streckenzüge zu Oberbegriffen des untersten Begriffs zu erreichen sind. Eine Verbindungslinie vom untersten Begriff zum obersten Begriff ist überflüssig, die Transitivität der Ordnung wird auch in der diagrammatischen Darstellung ausgenutzt, sodass aus den Beziehungen $(\{g_1\}, \{m_1, m_2, m_3\}) \leq (\{g_1, g_2\}, \{m_1, m_2\})$ und $(\{g_1, g_2\}, \{m_1, m_2\}) \leq (\{g_1, g_2, g_3\}, \{m_1\})$ folgt dass

$$(\{g_1\}, \{m_1, m_2, m_3\}) \leq (\{g_1, g_2, g_3\}, \{m_1\})$$

Der folgende Hauptsatz der Formalen Begriffsanalyse [GW96, S. 24] fasst diese Ergebnisse noch einmal über die Verbindung zur Verbandstheorie zusammen:

Satz 1. *Für jeden Kontext* $\mathbb{K} := (G, M, I)$ *ist der Begriffsverband* $\mathfrak{B}(G, M, I)$ *ein vollständiger Verband, in dem Infimum und Supremum folgendermaßen beschrieben sind:*

$$\bigwedge_{t \in T} (A_t, B_t) = (\bigcap_{t \in T} A_t, (\bigcup_{t \in T} B_t)'') \; und \; \bigvee_{t \in T} (A_t, B_t) = ((\bigcup_{t \in T} A_t)'', \bigcap_{t \in T} B_t).$$

Ein vollständiger Verband $\mathbf{V} := (V, \leq)$ *ist genau dann isomorph zu dem Begriffsverband* $\mathfrak{B}(G, M, I)$, *wenn Abbildungen* $\tilde{\gamma} : G \to V$ *und* $\tilde{\mu} : M \to V$ *existieren, so dass* $\tilde{\gamma}(G)$ *supremum-dicht und* $\tilde{\mu}(M)$ *infimum-dicht in* $\mathbf{V}$ *ist, und* gIm *äquivalent ist zu* $\tilde{\gamma}(g) \leq \tilde{\mu}(m)$ *für alle Gegenstände* g *und alle Merkmale* m. *Insbesondere ist* $\mathbf{V}$ *isomorph zu* $\mathfrak{B}(V, V, \leq)$.

Für den endlichen Fall kann man den Satz auch prägnanter formulieren. In einem endlichen Verband $\underline{V}$ gilt, dass jedes Element als Supremun von $\vee$-irreduziblen Elementen und als Infimum von $\wedge$-irreduziblen Elemente geschrieben werden kann (vgl. [DaPri02, S. 55]). Die Menge aller $\vee$-irreduziblen Elemente von $\underline{V}$ werde mit $J(\underline{V})$ bezeichnet, die Menge aller $\wedge$-irreduziblen Elemente mit $M(\underline{V})$. In einem Begriffsverband $\mathfrak{B}(\mathbb{K})$ eines endlichen Kontextes $\mathbb{K} := (G, M, I)$ ist jeder $\vee$-irreduzibler Begriff von der Gestalt $\gamma(g) := (g'', g')$ für ein $g \in G$ und jeder $\wedge$-irreduzibler Begriff hat die Gestalt $\mu(m) := (m', m'')$ für ein $m \in M$, d.h. γG enthält $J(\mathfrak{B}(\mathbb{K}))$ und μM enthält $M(\mathfrak{B}(\mathbb{K}))$.

Nun kann der Hauptsatz für endlichen Begriffsverbände folgendermaßen formuliert werden (vgl. [GW96, S. 20], Beweis in [Wi07]):

Satz 2. *Ein endlicher Verband* $\underline{V}$ *ist isomorph zum Begriffsverband* $\mathfrak{B}(\mathbb{K})$ *eines endlichen Kontextes* $\mathbb{K} := (G, M, I)$ *genau dann wenn es Abbildungen* $\tilde{\gamma} : G \to \underline{V}$ *und* $\tilde{\mu} : M \to \underline{V}$ *gibt mit folgenden Eigenschaften:*

1. $\tilde{\gamma} G$ enthält $J(\underline{V})$,

2. $\tilde{\gamma} M$ enthält $M(\underline{V})$,

3. $gIm \Leftrightarrow \tilde{\gamma} g \leq \tilde{\mu} m$ für $g \in G$ und $m \in M$.

Um mehrere Kontexte $(\mathbb{K}_q)_{q \in Q}$ mit gleicher Gegenstandsmenge G und den Merkmalmengen M_q und Inzidenzrelationen I_q zu einem Kontext zusammenzuführen, kann man die *Apposition* der Kontexte $\mathbb{K}_q$ durch $(G, \dot{\bigcup}_{q \in Q} M_q, \dot{\bigcup}_{q \in Q} I_q)$ bilden, indem man die beiden zugehörigen Kreuztabellen nebeneinander schreibt und verklebt. Entsprechend lassen sich Kontexte $\mathbb{K}_q$ mit den Gegenstandsmengen G_q und Inzidenzrelationen I_q, aber gleicher

Merkmalmenge M, in der *Subposition* der Kontexte $\mathbb{K}_q$ als $(\dot{\bigcup}_{q \in Q} G_q, M, \dot{\bigcup}_{q \in Q} I_q)$ vereinigen, indem man die Kreuztabellen übereinander schreibt und verklebt.

Im Alltag geht es nicht nur darum, ob ein Gegenstand ein Merkmal hat oder nicht – dies konnte noch durch ein Kreuz in der Tabelle festgehalten und in einem sog. einwertigen Kontext wie oben beschrieben formalisiert werden. Vielmehr werden häufig verschiedene *Ausprägungen* von Merkmalen unterschieden, z. B. verschiedene Farben, Längen oder Noten. Um solche Situationen zu formalisieren, bedient sich die Mathematik der *mehrwertigen Kontexte*. Wie bisher können solche Daten auch in Tabellen erfasst werden, allerdings muss man anstelle eines Kreuzes die entsprechende Ausprägung eines Merkmals zu einem Gegenstand eintragen, wie am Beispiel (Tab. 2.3) des mehrwertigen Kontextes der deutschen Bundespräsidenten von 1949 bis 2004 gesehen werden kann.

BUNDESPRÄSIDENTEN	Amtsantrittsjahr	Amtsperioden	Partei
Heuss	1949	zwei	FDP
Lübke	1959	zwei	CDU
Heinemann	1969	eine	SPD
Scheel	1974	eine	FDP
Carstens	1979	eine	CDU
Weizsäcker	1984	zwei	CDU
Herzog	1994	eine	CDU
Rau	1999	eine	SPD

Tabelle 2.3: Kontext mit Daten zu deutschen Bundespräsidenten

Ein mehrwertiger Kontext (G, M, W, I) besteht aus einer Gegenstandsmenge G, der Merkmalmenge M, der Menge W, die alle Ausprägungen umfasst, und der dreistelligen Relation I zwischen G, M und W, wobei ein Gegenstand $g \in G$, ein Merkmal $m \in M$ und eine Ausprägung $w \in W$ dann in Relation stehen sollen, wenn auf ein Gegenstands-Merkmalspaar (g, m) die Ausprägung w eines Merkmals m zutrifft. Außerdem soll jedes Gegenstands-Merkmalspaar nur genau eine Ausprägung zugewiesen bekommen, d. h. aus $(g, m, w) \in I$ und $(g, m, v) \in I$ folgt immer schon $w = v$.

Um auch den mehrwertigen Kontexten Begriffe zuzuordnen, werden sie in einwertige Kontexte umgewandelt. Die Begriffe des abgeleiteten Kontextes können dann als Begriffe des mehrwertigen gedeutet werden. Dieser Interpretationsprozess geschieht mittels einer sog. *begrifflichen Skalierung*. Welche Begriffe man erhält, hängt von der gewählten Skalierung ab.

Bei der Skalierung wird zu jedem Merkmal eines mehrwertigen Kontextes eine *begriffli-*
che Skala gebildet, d. h. ein einwertiger Kontext $\mathbb{S}_m := (G_m, M_m, I_m)$ mit der Gegenstandsmenge G_m bestehend aus allen Ausprägungen W_m des betrachteten Merkmals sowie ggf.
noch auch weiteren neu zu definierenden Gegenständen. Welche Merkmale M_m geeignet
sind, die Skalierung zu beschreiben, hängt davon ab, wie die Ausprägungen interpretiert
werden können.

Bundespräsidenten	Geburtsjahr
Heuss	1884
Lübke	1894
Heinemann	1899
Scheel	1919
Carstens	1914
Weizsäcker	1920
Herzog	1934
Rau	1931

Tabelle 2.4: Hintergrundinformation über Bundespräsidenten

Nachdem man zu jedem Merkmal $m \in M$ aus dem mehrwertigen Kontext eine Skala,
also einen einwertigen Kontext, geformt hat, die jeweils durch eine Kreuztabelle dargestellt wird, kann man durch die *schlichte Skalierung* einen einwertigen Kontext gewinnen.
Dabei bleibt die ursprüngliche Gegenstandsmenge unverändert, als Merkmale tauchen alle
Merkmale $m_m \in M_m$ der Skalen $\mathbb{S}_m$, also die disjunkte Vereinigung der Merkmalmengen
M_m, auf, und zu jedem Gegenstand ergeben sich die Zeilen der Tabelle, also die Relation der Gegenstände zu den Merkmalen, aus den entsprechenden Zeilen der zugehörigen
Ausprägungen der Skalen.

Für das obige Beispiel sind die Skalen in Abb. 2.5 wiedergegeben. Diese Skalierung
wurde so gewählt, da sich die Merkmalausprägungen der Parteien und des Antrittsalters
gegenseitig ausschließen (nominale Skalierung). Für die Skalierung des Antrittsalters war
zusätzlich noch die Information über das Geburtsjahr der Bundespärsidenten erforderlich,
woran die Bedeutung des Einsatzes von Hintergrund- und Expertenwissen bei der Skalierung deutlich wird (Tab. 2.4). Die Amtsperioden können so interpretiert werden, dass
jeder Bundespräsident, der zwei Amtszeiten im Dienst war, auch eine Amtszeit hinter sich
hat (ordinale Skalierung). [1]

---

[1]Weitere häufig vorkommende Skalen können bei Ganter/Wille nachgeschlagen werden (vgl. [GW96]).

| | Antrittsalter | |
	< 60	> 60
< 60	×	
> 60		×

Antrittsalter = (Amtsantrittsjahr - Geburtsjahr)

| | Amtsperioden | |
	eine	zwei
eine	×	
zwei	×	×

| | Partei | | |
	CDU	SPD	FDP
CDU	×		
SPD		×	
FDP			×

Tabelle 2.5: Skalen zum Kontext der Bundespräsidenten

Mit den neuen Skalenmerkmalen ergibt sich als einwertiger Kontext:

| BUNDESPRÄSIDENTEN | Antrittsalter | | Amtsperioden | | Partei | | |
	< 60	> 60	eine	zwei	CDU	SPD	FDP
Heuss		×	×				×
Lübke		×	×		×		
Heinemann		×	×			×	
Scheel	×		×				×
Carstens		×	×		×		
Weizsäcker		×	×	×	×		
Herzog		×	×		×		
Rau		×	×			×	

Tabelle 2.6: Skalierter Bundespräsidenten-Kontext

In einem konkreten Anwendungsbeispiel sollen die eingeführten Begriffe und Verfahren veranschaulicht werden. Ausgangspunkt ist ein mehrwertiger Kontext: In Tabelle 2.7 ist die Größe der Absorption in neun Wellenlängen von den elf Rezeptoren im Auge eines Goldfisches aufgelistet.

Rez.	Violet 430	Blue 458	Blue 485	Blue-Green 498	Green 530	Blue 540	Yellow 585	Orange 610	Red 660
1	147	153	89	57	12	4	0	0	0
2	153	154	110	75	32	24	23	17	0
3	145	152	125	100	14	0	0	0	0
4	99	101	122	140	154	153	93	44	0
5	46	85	103	127	152	148	116	75	26
6	73	78	85	121	151	154	109	57	0
7	14	2	46	52	97	106	137	92	45
8	44	65	77	73	84	102	151	154	120
9	87	59	58	52	86	79	139	153	146
10	60	27	23	24	56	72	136	144	11
11	0	0	40	39	55	62	120	147	132

Tabelle 2.7: Farbabsorption der 11 Rezeptoren einer Goldfisch-Retina

Die elf Rezeptoren sind die Gegenstände, als Merkmale dienen neun Wellenlängen der Farben. Die Werte der Merkmale geben jeweils an, wie viel einer bestimmten Wellenlänge von den einzelnen Rezeptoren absorpiert werden.

Der mehrwertige Kontext in Tabelle 2.7 wird mit $\mathbb{K} := (G, M, W, I)$ bezeichnet und besteht aus der Menge der elf Rezeptoren $G := \{r_1, r_2, \ldots, r_{11}\}$ und der Merkmalsmenge $M := \{violet_{430}, blue_{458}, \ldots, red_{660}\}$ der neun Farben mit ihren Wellenlängen, der Wertemenge $W := \{0, 1, 2, \ldots, 199\}$ und der Inzidenzrelation I.

Dieser mehrwertige Kontext muss nun vor der weiteren Verarbeitung zu einem Liniendiagramm in einen einwertigen Kontext überführt werden. Da die Merkmalsausprägungen Werte sind, die die Größe einer Eigenschaft anzeigen, die also größer oder kleiner ausfallen kann, ist die Skalierung mit einer eindimensionalen ordinalen Skala sinnvoll. Dafür werden die Wertebereiche der einzelnen Wellenlängen mit Werten aus dem Intervall $[0, 199]$ jeweils in Teilintervalle zerlegt, woraus der abgeleitete (einwertige) Kontext in Abb. 2.3 hervorgeht (vgl. [Wi92a]).

Aus diesem Kontext werden dann alle formalen Begriffe ermittelt, die dann geordnet im Liniendiagramm zum Begriffsverband dargestellt werden können (vgl. Abb. 2.4 aus [Wi92a]). Obwohl dieses Diagramm mit 137 Begriffen schon zu den sehr großen Diagrammen gehört, kann es noch ohne Einsatz von anderen Darstellungsverfahren (vgl. gestufte Liniendiagramme in Abschnitt 4.5.2) gezeichnet werden.

Das hängt mit der besonderen Struktur der Daten zusammen. Deutlich zu erkennen sind im Diagramm die nahezu wie im Farbkreis angeordneten Farben mit ihren Wellenlängen entlang der oberen beiden Kanten des Liniendiagramms als Ketten von Strecken links und rechts im Diagramm. Für die Interpretation der Daten bedeutet dies, dass die elf Rezeptoren des Goldfisch-Auges jeweils für bestimmte Wellenlängenbereiche besonders gut empfänglich sind und andere Wellenlängen kaum oder gar nicht absorpieren können. Eine zweite strukturelle Auffälligkeit sind die im Diagramm wiederkehrenden vierdimensionalen begrifflichen Strukturen, wie z. B. bei den oberen 16 Begriffen im Diagramm. Dieses Muster bestimmt aber auch die Gesamtgestalt des Liniendiagramms. Das Auftreten dieses Musters ist durch die Eigenschaft der Rezeptoren, gerade nur bestimmte Wellenlängen zu verarbeiten, bedingt.

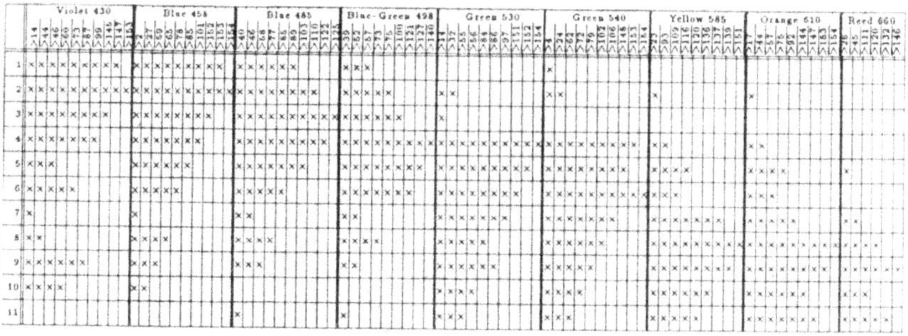

Abbildung 2.3: Abgeleiteter Kontext zu Tabelle 2.7 nach der Skalierung

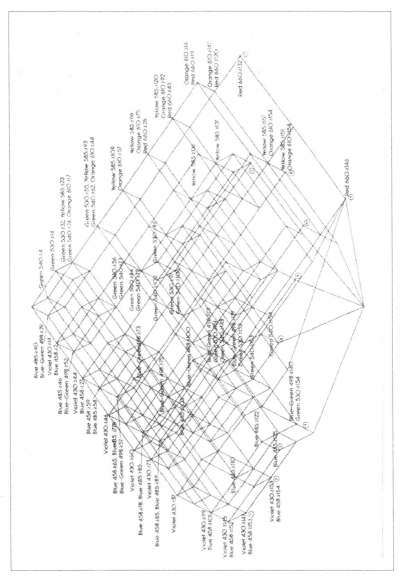

Abbildung 2.4: Liniendiagramm des Begriffsverbands zum Kontext in Abb. 2.3 zur Farbwahrnehmung von Goldfischen

2.4 Hauptsatz über beschriftete Liniendiagramme

Mit der stärkeren Auseinandersetzung über Liniendiagramme und dem Bemühen „gute" Diagramme zu zeichnen, wurde auch eine formale Beschreibung der beschrifteten Liniendiagramme nötig, wie sie zur Darstellung der Begriffsverbände in der Formalen Begriffsanalyse verwendet werden. Wille formulierte in [Wi07] den Hauptsatz über beschriftete Liniendiagramme und seine Voraussetzungen, der hier zitiert werden soll. Ein Beweis kann im Anhang A.3 nachgeschlagen werden.

Eine geordnete Menge $(O, \leq)$ wird *beschränkt* genannt, wenn sie Elemente $\perp$ und $\top$ enthält mit der Eigenschaft $\perp \leq x \leq \top$ für alle $x \in O$.

Ein *Liniendiagramm einer endlichen, beschränkten geordneten Menge* $\underline{O} := (O, \leq)$ wird mathematisch durch ein Quadrupel $\mathbb{D}_\eta(\underline{O}) := (C_{\underline{O}}, S_{\underline{O}}, T_{\underline{O}}, \eta)$ beschrieben mit

- der Menge $C_{\underline{O}}$ der disjunkten kleinen Kreise von gleichem Radius in der euklidischen Ebene $\mathbb{R}^2$,

- der Menge $S_{\underline{O}}$ von geraden Strecken in $\mathbb{R}^2$, die sich paarweise in höchstens einem Punkt treffen,

- der dreistelligen Relation $T_{\underline{O}} \subseteq C_{\underline{O}} \times S_{\underline{O}} \times C_{\underline{O}}$, die für jedes $s \in S_{\underline{O}}$ genau ein Tripel (c_1, s, c_2) enthält, das die Verbindung der Strecke s mit den Kreisen c_1 und c_2 in $\mathbb{R}^2$ beschreibt und angibt, dass der Kreis c_1 vollständig unterhalb vom Kreis c_2 in der Zeichenebene liegt, d. h. für alle Punkte $p_i \in c_i$ mit $i = 1, 2$ gilt, dass die zweite Koordinate von p_1 immer kleiner ist als die zweite Koordinate von p_2,

- der Bijektion $\eta : O \to C_{\underline{O}}$ mit der zum Ausdruck gebracht wird, dass benachbarte Elemente o_1, o_2 mit $o_1 \prec o_2$ in $\underline{O}$ eine Bijektion zu den Tripeln $(\eta(o_1), s, \eta(o_2))$ von $T_{\underline{O}}$ haben.

Die Liniendiagramme $\mathbb{D}_\eta(\underline{O})$ und $\mathbb{D}_{\hat{\eta}}(\underline{\hat{O}})$ von beschränkten, geordneten Mengen $\underline{O} := (O, \leq)$ und $\underline{\hat{O}} := (\hat{O}, \leq)$ heißen isomorph genau dann, wenn es eine bijektive Abbildungen $\zeta : C_{\underline{O}} \to C_{\underline{\hat{O}}}$ und $\sigma : S_{\underline{O}} \to S_{\underline{\hat{O}}}$ gibt, sodass $(c_1, s, c_2) \in T_{\underline{O}} \iff (\zeta(c_1), \sigma(s), \zeta(c_2)) \in T_{\underline{\hat{O}}}$; der Isomorphismus wird mit (ζ, σ) bezeichnet.

Lemma 1. *Zwei endliche, beschränkte, geordnete Mengen sind genau dann isomorph, wenn ihre Liniendiagramme isomorph sind.*

Eine Kreuztabelle repräsentiert einen formalen Kontext $\mathbb{K} := (G, M, I)$ mit der Menge G aller Gegenstandsnamen und der Menge M mit den Namen der Merkmale. Diese sogenannten Eigennamen werden mit einer bijektiven Abbildung ν den Gegenständen und den Merkmalen in $G \dot{\cup} M$ zugeordnet, also beschreibt $\nu(G \dot{\cup} M) := \{\nu(x) \mid x \in G \dot{\cup} M\}$ die Menge aller Eigennamen von Gegenständen und Merkmalen im Kontext $\mathbb{K}$. Ein Liniendiagramm $\mathbb{D}_{\bar{\eta}}(\mathfrak{B}(\mathbb{K}))$ zusammen mit der Bijektion ν wird ein $(\nu G, \nu M)$-*beschriftetes Liniendiagramm* genannt und mit $\mathbb{D}^{\nu}_{\bar{\eta}}(\mathfrak{B}(\mathbb{K}))$ bezeichnet. Analog dazu wird für eine endliche, beschränkte geordnete Menge $\underline{O}$ und den Abbildungen $\check{\gamma} : G \to \underline{O}$ und $\check{\mu} : M \to \underline{O}$ ein Liniendiagramm $\mathbb{D}_{\eta}(\underline{O})$ zusammen mit der oben eingeführten Benennungsbijektion ν auf $G \dot{\cup} M$ als $(\nu G, \nu M)$-beschriftetes Liniendiagramm $\mathbb{D}^{\nu}_{\eta}(\underline{O})$ bezeichnet. In beiden Fällen von beschrifteten Liniendiagrammen werden die Gegenstandsnamen νg von unten an den Kreis $\bar{\nu}(\gamma g)$ bzw. $\nu(\check{\gamma} g)$ geschrieben, die Merkmalsnamen μm von oben an den Kreis $\bar{\eta}(\mu m)$ bzw. $\eta(\check{\mu} m)$.

Ein $(\nu G, \nu M)$-beschriftetes Liniendiagramm $\mathbb{D}^{\nu}_{\eta}(\underline{O})$ ist isomorph zu einem $(\nu G, \nu M)$-beschrifteten Liniendiagramm $\mathbb{D}^{\nu}_{\bar{\eta}}(\mathfrak{B}(\mathbb{K}))$, wenn ein Isomorphismus (ζ, σ) vom Liniendiagramm $\mathbb{D}_{\eta}(\underline{O})$ auf das Liniendiagramm $\mathbb{D}_{\bar{\eta}}(\mathfrak{B}(\mathbb{K}))$ existiert, sodass $\zeta(\eta(\check{\gamma} g)) = \bar{\eta}(\gamma g)$ für alle $g \in G$ und $\zeta(\eta(\check{\mu} m)) = \bar{\eta}(\mu m)$ für alle $m \in M$ gilt.

Lemma 2. *Eine endliche, beschränkte geordnete Menge $\underline{O}$ ist isomorph zu einem endlichen Begriffsverband $\mathfrak{B}(\mathbb{K})$ genau dann, wenn das zur Menge $\underline{O}$ gehörige $(\nu G, \nu M)$-beschriftete Liniendiagramm $\mathbb{D}^{\nu}_{\eta}(\underline{O})$ isomorph ist zum $(\nu G, \nu M)$-beschrifteten Liniendiagramm $\mathbb{D}^{\nu}_{\bar{\eta}}(\mathfrak{B}(\mathbb{K}))$.*

Hauptsatz über beschriftete Liniendiagramme eines endlichen Begriffsverbandes. *Gegeben sei der Begriffsverband $\mathfrak{B}(\mathbb{K})$ eines endlichen Kontexts $\mathbb{K} := (G, M, I)$. Außerdem bezeichne $\underline{O} := (O, \leq)$ eine endliche, beschränkte geordnete Menge mit den Abbildungen $\check{\gamma} : G \to \underline{O}$ und $\check{\mu} : M \to \underline{O}$.*

Dann ist das $(\nu G, \nu M)$-beschriftete Liniendiagramm $\mathbb{D}^{\nu}_{\eta}(\underline{O})$ der geordneten Menge isomorph zu einem $(\nu G, \nu M)$-beschrifteten Liniendiagramm $\mathbb{D}^{\nu}_{\bar{\eta}}(\mathfrak{B}(\mathbb{K}))$ des Begriffsverbands $\mathfrak{B}(\mathbb{K})$ genau dann, wenn in $\mathbb{D}^{\nu}_{\eta}(\underline{O})$

1. *jeder Kreis, von dem genau ein Streckenzug abwärts führt, (von unten) mit wenigstens einem Gegenstandsnamen aus νG beschriftet ist,*

2. *jeder Kreis mit genau einem aufsteigenden Streckenzug (von oben) mit wenigstens einem Merkmalsnamen aus νM beschriftet ist,*

3. *von einem Kreis, der mit einem Gegenstandsnamen aus νG beschriftet ist, ein auf-steigender Streckenzug zu einem Kreis führt, der mit einem Merkmalsnamen aus νM beschriftet ist, oder die beiden Kreise schon gleich sind, genau dann, wenn der bezeichnete Gegenstand das Merkmal besitzt,*

4. *es eine injektive Abbildung $\zeta : C_{\mathfrak{B}} \to C_Q$ gibt, die jedem Kreis des Diagramms $\mathbb{D}^{\nu}_{\bar{\eta}}(\mathfrak{B}(\mathbb{K}))$ ein $\zeta(\bar{c}) \in C_Q$ zuordnet, das eine kleinste obere Schranke der Menge $\{\check{\gamma}g | g \in G$ mit $\gamma g \leq \bar{\eta}^{-1}\bar{c}\}$ und eine größte untere Schranke von $\{\check{\mu}m | m \in M$ mit $\mu m \geq \bar{\eta}^{-1}\bar{c}\}$ darstellt,*

5. *die Anzahl der Kreise von $\mathbb{D}^{\nu}_{\eta}(Q)$ gleich der Anzahl der Kreise von $\mathbb{D}^{\nu}_{\bar{\eta}}(\mathfrak{B}(\mathbb{K}))$ ist, und*

6. *die Anzahl der Strecken in $\mathbb{D}^{\nu}_{\eta}(Q)$ (Verbindungslinien zwischen zwei Kreisen) gleich der Anzahl aller Strecken in $\mathbb{D}^{\nu}_{\bar{\eta}}(\mathfrak{B}(\mathbb{K}))$ ist.*

Dieser Satz bekommt für die Darstellung von Begriffsverbänden als beschriftete Linien-diagramme Bedeutung. Mit den Aussagen des Satzes wird nämlich das zu einem Begriffs-verband gehörige Liniendiagramm charakterisiert. Außerdem kann überprüft werden, ob ein Liniendiagramm zu einem Begriffsverband vollständig und korrekt dargestellt wird.

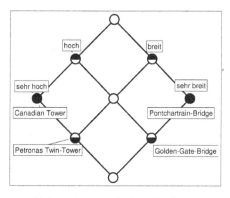

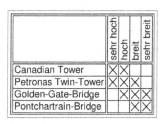

(a) Formaler Kontext (b) Liniendiagramm des Begriffsverbands

Abbildung 2.5: Beispiel eines Liniendiagramms mit der Darstellung von Eigenschaften großer Bauwerke

Bedingung 1 und 2 des Satzes müssen über eine sorgfältige Kontrolle der Beschriftungen im Diagramm überprüft werden. Alle Kreise, von denen nur ein Streckenzug nach unten führt, müssen mit mindestens einem Gegenstandsnamen beschriftet sein, alle Kreise, von denen nur ein Streckenzug nach oben führt mit mindestens einem Merkmalsnamen. Um die Übersicht zu behalten und auch später gut diese Kreise im Diagramm zu erkennen, werden diese Kreise zur Hälfte unten bzw. oben schwarz ausgefüllt (vgl. Beispiel in Abb. 2.5). Diese Begriffskreise sind deswegen so bedeutsam, weil alle anderen aus ihnen als Verbindung (Zusammenführen nach oben) bzw. Schnitt (Zusammenführen nach unten) hervorgehen. Damit lassen sich die Umfänge und Inhalte aller Begriffe leicht bestimmen.

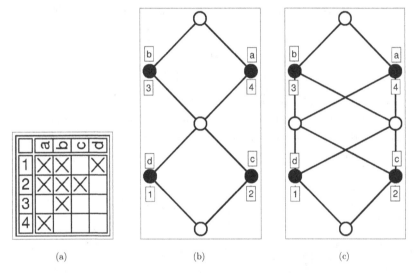

Abbildung 2.6: Ein Beispielkontext mit beschriftetem Liniendiagrammen 2.6(b) seines Begriffsverbands und ein Liniendiagramm 2.6(c) einer geordneten Menge mit einem Kreis und vier Strecken mehr

Um Bedingung 3 nachzuprüfen, muss jedes Kreuz im Kontext durch einen Streckenzug im Diagramm wiedergefunden werden – oder Gegenstands- und Merkmalsnamen stehen schon am selben Begriffskreis. Umgekehrt darf es keinen aufsteigenden Streckenzug von einem Gegenstandsnamen zu einem Merkmalsnamen geben, wenn der Gegenstand das Merkmal nicht besitzt, d. h. beim entsprechenden Gegenstands-Merkmals-Paar kein Kreuz im Kontext auftaucht.

Die Bedingungen 5 und 6 sind erforderlich um die Bijektivität der Abbildungen ζ und σ abzusichern. Das dies nicht immer so sein muss, wird an folgenden Beispielen einsichtig: Die beschränkte geordnete Menge in Abb 2.6(c) erfüllt zwar die Bedingungen 1 bis 4, aber nicht 5 und 6. In Abb 2.7(b) erfüllt das Diagramm zwar die Bedingungen 1 bis 5, Bedingung 6 wird aber verletzt.

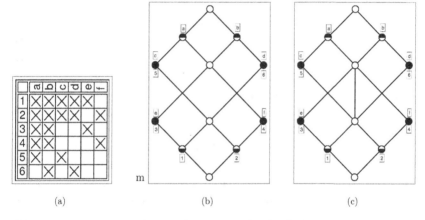

(a)   (b)   (c)

Abbildung 2.7: Ein weiterer formaler Kontext mit dem beschrifteten Liniendiagrammen 2.7(c) seines Begriffsverbandes und das Liniendiagramm 2.7(b) einer geordneten Menge mit der gleichen Anzahl an Begriffskreisen, jedoch einer Strecke weniger

Abschließend kann auch Bedingung 4 überprüft werden. Betrachtet man die injektiven Abbildungen, die sich aus Bedingung 5 und 6 ergeben, jeweils als Identität auf der Menge der Kreise bzw. der Menge der Streckenelemente, so ist die Gültigkeit der Bedingung 4 gesichert.

Dieses Verfahren zur Kontrolle eines Liniendiagramms wird im Zusammenhang des Zeichnenlernens von Liniendiagrammen in Abschnitt 5.2 noch einmal näher erläutert.

2.5 Potenzkontextfamilien

In vielen Anwendungen reicht eine Relation, wie sie in einem formalen Kontext $\mathbb{K} =$ (G, M, I) wiedergegeben werden kann, nämlich dass ein Gegenstand $g \in G$ mit einem Merkmal $m \in M$ in Beziehung gIm steht, nicht aus, um alle Zusammenhänge zwischen den Gegenständen wiederzugeben. Das heißt, dass den Gegenständen zwar gewisse Merkmale zugeordnet werden, die jeweils ein oder auch mehrere Gegenstände gemeinsam haben, aber es darüberhinaus auch noch Verbindungen von Gegenständen miteinander gibt, die sich nicht durch eine einfache Merkmalszuweisung ausdrücken lassen.

Um diese Beziehungen zwischen den Gegenständen selbst und nicht die Beziehung mit weiteren Merkmalen zum Ausdruck zu bringen, wurde in der Mengenlehre nach Bourbaki folgende Schreibweise entwickelt: Alle Gegenstände $g_1, g_2, \ldots$, die in einer Relation R stehen, werden in Listen $(g_j)_{j \in J}$ aufgeführt, also wird die Relation bzw. Beziehung zwischen Gegenständen dadurch zum Ausdruck gebracht, dass man alle Listen von Gegenständen angibt, für die die jeweilige Relation zutrifft. Die Länge der einzelnen Listen wird durch die Stelligkeit der Relationen festgelegt. Eine k-stellige Relation auf einer Menge M, z. B. der Gegenstandsmenge G, ist somit eine Teilmenge des k-fachen kartesischen Produkts dieser Menge $M \times M \times \ldots \times M$ (vgl. [De93]). Eine zweistellige Relation auf der Gegenstandsmenge lässt sich beschreiben durch eine Teilmenge der Menge $G \times G$, d. h. sie wird durch Zweierlisten bzw. Paaren von Gegenständen wiedergegeben, eine k-stellige Relation durch k-er-Listen bzw. k-Tupeln.

Diese Form der Repräsentation von Relationen beschränkt sich aber auf die rein extensionalen Aspekte. Um im Verständnis der Begriffslehre auch die Intension von solchen Relationen erfassen zu können, werden solche Relationen auf den Gegenständen in formalen Kontexten wiedergegeben. Dabei werden die Relationen nach ihrer Stelligkeit in unterschiedlichen Kontexten dargestellt. So bilden alle zweistellige Relationen die Merkmalmenge M_2 des formalen Kontextes $\mathbb{K}_2$ als Teilmenge von $M \times M$, dessen Gegenstandsmenge G_2 durch die Paare (Zweiertupeln) von Gegenständen gebildet wird, die in den jeweiligen Relationen enthalten sind. Ist ein Paar von Gegenständen in einer bestimmten Relation enthalten, so wird an der entsprechenden Stelle wie in Tabelle 2.8 ein Kreuz eingetragen und dieses durch die zugehörige Inzidenzrelation auf den Gegenständen G_2 und Merkmalen M_2 festgehalten. Die Potenzkontextfamilie hält also formalisiert fest, welche Gegenstände in Relation zueinander stehen. Dabei werden jeweils die Relationen, die die gleiche Anzahl von Gegenständen verbindet, in einem gemeinsamen Kontext festgehalten.

	zweistellige Relationen R_i
	$\vdots$
(g_1, g_2)	... ... $\times$

Tabelle 2.8: Das Paar (g_1, g_2) steht in Relation R_i

In diesem Beispiel eines Kontextes $\mathbb{K}_2$ inzidiert das Paar (g_1, g_2) mit dem Merkmal R_i, d. h. die Gegenstände g_1, g_2 aus der Gegenstandsmenge G des Kontextes $\mathbb{K}$ stehen in Relation R_i.

Entsprechend kann man mit höherstelligen Relationen verfahren, wobei die Gegenstandsmenge des formalen Kontextes $\mathbb{K}_k$, der die k-stelligen Relationen enthält, immer aus k-Tupeln der Gegenstandsmenge G des zugrundeliegenden Kontextes $\mathbb{K}$ besteht (vgl. Tab. 2.9). Der Einfachheit halber wird dieser Grundkontext auch mit $\mathbb{K}_0 := (G_0, M_0, I_0)$ bezeichnet, alle weiteren je nach Stelligkeit der Relationen dann mit $\mathbb{K}_1, \mathbb{K}_2, \ldots, \mathbb{K}_k$.

	k-stellige Relationen R_j
	$\vdots$
$(g_1, \ldots, g_k)$	... ... $\times$

Tabelle 2.9: Das k-Tupel steht bzgl. R_j in Relation

Nun kann die *Potenzkontextfamilie* $\vec{\mathbb{K}} := (\mathbb{K}_0, \ldots, \mathbb{K}_n)$ als Zusammenfassung aller Kontexte $\mathbb{K}_k := (G_k, M_k, I_k)$ zu einem Denkobjekt definiert werden, für die für jedes $k = 1, \ldots, n$ gilt, dass $G_k \subseteq (G_0)^k$ ist (vgl. [Wi00b]).

Die formalen Begriffe von $\mathbb{K}_k$ mit $k = 1, \ldots, n$ werden *Relationsbegriffe* genannt, da sie k-stellige Relationen auf der Gegenstandsmenge G_0 in ihren Umfängen repräsentieren.

Dadurch werden alle Zusammenhänge, die auf der Gegenstandsmenge existieren, in einer reichhaltigen Kontextstruktur formalisiert. Die Betrachtung der Begriffsverbände der Relationsbegriffe ermöglicht einen tieferen Einblick in die Zusammenhänge der Gegenstände und die Ordnungsstruktur der Relationen.

Die Unterscheidung zwischen $\mathbb{K}_0$ und $\mathbb{K}_1$ ist notwendig, um Attribute bzw. Merkmale, die den Gegenständen zugewiesen werden, und einstellige Relationen, die für eine Eigenschaft stehen, unter die dann bestimmte Gegenstände fallen, zu trennen, und nicht beide Informationen im selben formalen Kontext darzustellen.

Dies geht zurück auf die unterschiedliche Verwendung der Kopula „ist“. In der traditionellen Logik sind die grammatischen Funktionen der Verbformen „sein“ von den sprachlichen Darstellungen der logischen Funktion der Kopula begrifflich getrennt worden. So kann die Kopula „ist“ einerseits Identitäten ausdrücken, wie im Satz „der Morgenstern ist die Venus“ oder andererseits in der Rolle als Mittel zur Darstellung der Prädikation eingesetzt werden, d. h. etwas „zusprechen“ und zuordnen, wie es im Satz „der Morgenstern ist ein Planet“ geschieht: Hier wird „der Morgenstern“ der Klasse der „Planeten“ zugeordnet (vgl. [Mi84, S. 474]). So können auch die den Dingen inhärenten Eigenschaften, das was sie „sind“, am besten im Kontext $\mathbb{K}_0$ festgehalten.

Weitergehende Zuweisungen von Prädikaten bzw. Einordnungen in Klassen von Merkmalen finden ihren Platz am ehesten im Kontext $\mathbb{K}_1$, in dem einstellige Relationen formalisiert werden, also die Gegenstände in den Relationen, die die Merkmale bilden, enthalten sind.

Auch Kant nimmt in seiner „Kritik der reinen Vernunft“ (1781) die Unterscheidung verschiedener *Kategorien* von Aristoteles auf, um sich sprachkritisch gegen die fehlerhafte Verwendung der Kopula „ist“ zu wenden. Danach kann man Urteile, also Verknüpfungen von Begriffen in Aussagen, trennen nach ihrer *Quantität*, also dem Umfang ihrer Geltung, der *Qualität*, also ihrer Beschaffenheit nach, der *Relation*, d. h. nach ihren Beziehung der verknüpften Vorstellung, und der *Modalität*, die ihren Erkenntniswert widerspiegelt. (vgl. [SchmR75, S. 132]). Auch diese Kategorien legen die vorgeschlagene Verwendung der einzelnen Kontexte in der Potenzkontextfamilie nahe: Im Kontext $\mathbb{K}_0$ wird die Beschaffenheit der Gegenstände festgehalten, im Kontext $\mathbb{K}_1$ die Erkenntniswerte und in den Kontexten $\mathbb{K}_2, \mathbb{K}_3, \ldots$ die Beziehungen.

2.6 Diagrammatische Erweiterungen

2.6.1 Begriffliche Graphen

Mit den *begrifflichen Graphen* hat J. F. Sowa in den siebziger Jahren einen Formalismus zur Wissensrepräsentation geschaffen, der insbesondere auch die Mensch-Maschine-Kommunikation unterstützen soll. Die begrifflichen Graphen begründen sich in den existentiellen Graphen von Peirce und den semantischen Netzen.

„Conceptual graphs are a system of logic based on the existential graphs of Charles Sanders Peirce and the semantic networks of artificial intelligence. The purpose of the system is to express meaning in a form that is logically precise, humanly readable and computationally tractable. With their direct mapping to language, conceptual graphs can serve as an intermediate language for translating computer-orientated formalisms to and from natural language, with their graphic representation they can serve as a readable, but formal design and specification language." [So92]

Abbildung 2.8: Ein Beispiel für einen begrifflichen Graphen

In dem begrifflichen Graph aus Abb. 2.8 wird der Satz „Der Student Jan besucht die Vorlesungsveranstaltung." formalisiert. Dabei wurde eine grafische Darstellung gewählt, die den mit Labels versehenen Kanten des begrifflichen Graphen Linien und Ovale zuweist, die Ecken werden durch Kästen dargestellt und mit den Begriffen, hier STUDENT, BESUCHEN und VERANSTALTUNG, und Referenzen, Jan und Vorlesung, gefüllt. Die Gegenstände werden also Begriffen untergeordnet, die dann über Relationen miteinander verknüpft werden. Im Buch *Conceptual Structures* [So84] beschreibt J. F. Sowa wie allgemeinsprachliche Sätze in begriffliche Graphen und diese in grafische Darstellungen „übersetzt" werden können. Dadurch sind die begrifflichen Graphen besonders geeignet, Zusammenhänge zwischen Gegenständen, die oft durch Relationen gegeben sind, wiederzugeben und darzustellen.

2.6.2 Begriffsgraphen

Begriffsgraphen als Mathematisierung der begrifflichen Graphen in ihrer Funktion zur formalen Wissensrepräsentation stellen die relationalen Verknüpfungen zwischen Begriffen dar. Im Verständnis der traditionellen philosophischen Logik als die Lehre von Begriff, Urteil und Schluss liefert nach Prediger die Theorie der Begriffsgraphen die Mathematisierung der logischen Urteile (vgl. [Pre98]) und knüpft damit an die Formale Begriffsanalyse als Mathematisierung der Begriffslehre an.

In einem *Begriffsgraphen* können die in einer Potenzkontextfamilie enthaltenen Informationen dargestellt werden. Im weiteren soll nun die Mathematisierung der Begriffsgraphen nach [Wi97], [Wi00b] und [Wi02a] entwickelt werden.

Ein Begriffsgraph basiert auf der mathematischen Struktur eines *relationalen Graphen*. Darunter versteht man ein Tripel (V, E, ν), bei dem V und E endliche Mengen sind, deren Elemente *Ecken* bzw. *Kanten* genannt werden, und ν eine Abbildung mit $E \rightarrow \bigcup_{k=1,2,\ldots} V^k$ ist. $\nu(e) = (v_1, \ldots, v_k)$ soll gelesen werden als: Die Ecken $v_1, \ldots, v_k$ sind an der k-stelligen Kante e anliegend. Die Abbildung ν gibt also an, welche Ecken aus V durch eine Kante aus E verbunden werden. Die Stelligkeit einer Kante e wird durch $|e| := k$ angegeben, die Stelligkeit einer Ecke wird als 0 definiert.

Zu einer Potenzkontextfamilie $\vec{\mathbb{K}} := (\mathbb{K}_0, \ldots \mathbb{K}_n)$ mit $\mathbb{K}_k := (G_k, M_k, I_k)$ für $k = 0, 1, \ldots, n$ ist ein *Begriffsgraph* die Struktur $\mathfrak{G} := (V, E, \nu, \kappa, \rho)$, für die gilt:

- (V, E, ν) ist ein relationaler Graph,

- $\kappa : V \cup E \rightarrow \bigcup_{k=0,1,\ldots,n} \mathfrak{B}(\mathbb{K}_k)$ ist eine Abbildung mit $\kappa(u) \in \mathfrak{B}(\mathbb{K}_k)$ für alle $u \in V \cup E$ mit $|u| = k$,

- $\rho : V \rightarrow \mathfrak{P}(G_0) \setminus \{\emptyset\}$ ist eine Abbildung mit $\rho(v) \subseteq Ext(\kappa(v))$ für alle $v \in V$ und $\rho(v_1) \times \ldots \times \rho(v_k) \subseteq Ext(\kappa(e))$ für alle $e \in E$ mit $\nu(e) = (v_1, \ldots, v_k)$.

Die Abbildung κ ordnet den Ecken bzw. Kanten des Graphen Begriffe des Kontextes $\mathbb{K}_0$ bzw. Relationsbegriffe der Kontexte $\mathbb{K}_1, \mathbb{K}_2, \ldots, \mathbb{K}_n$ zu. Durch die Abbildung ρ werden den Begriffen Gegenstände aus dem jeweiligen Begriffsumfang, den Relationsbegriffen Gegenstandstupel aus den entsprechenden Umfängen zugewiesen.

2.6.3 Anmerkungen zur Konstruktion eines Begriffsgraphen

Mit den Potenzkontextfamilien wird die Brücke zwischen den formalen, relationalen Kontexten und den begrifflichen Graphen geschlagen, indem alle in der Potenzkontextfamilie codierten Informationen als Begriffsgraph verstanden werden können, aber auch mit begrifflichen Graphen dargestelltes Wissen in Kontexten repräsentiert werden kann.

Zu einer gegebenen Potenzkontextfamilie kann man viele gültige Begriffsgraphen konstruieren, in all denen jeweils das gleiche Wissen codiert wäre wie auch in der Potenzkontextfamilie. So könnten z.B. bestimmte Teile des Begriffgraphen gedoppelt und damit redundant auftreten. Derjenige Graph, aus dem alle anderen mittels syntaktischer Regeln hergeleitet werden können, wird dann als kanonischer Graph oder auch Standardgraph (vgl. [Pre98], [Wi97]) bezeichnet. Dieser Standardgraph enthält alle Informationen aus der Potenzkontextfamilie, soll aber nicht unnötig groß sein, d. h. keine redundanten Informationen enthalten, indem die Ecken mit den kleinstmöglichen Begriffen, die durch möglichst viele Referenzen realisiert werden, und die Kanten mit minimalen Relationen gebildet werden. Allerdings bleibt dieser Standardgraph in der Anwendung unbedeutend, da er noch zu viele Informationen und Details enthält, die nicht mehr übersichtlich dargestellt und einfach erfasst werden können.

Stattdessen bedeutet die Realisierung eines Begriffsgraphen die Erstellung einer begrifflichen Informationskarte, die gewisse Teilaspekte grafisch visualisiert. Nach welchen Gesichtspunkten eine Informationskarte erstellt werden kann, wie dies an die vorgestellten Formalismen angebunden ist und welche grafische Mittel die Darstellung unterstützen können, wird im folgenden Kapitel diskutiert. Für das tatsächliche Zeichnen von Graphen gibt es aber immer noch keine befriedigenden Lösungen, die den großen Ansprüchen, insbesondere nach Dynamisierung, gerecht werden. Außerdem können viele Entscheidungen bei der konkreten Darstellung eines Graphen nicht maschinell, sondern müssen vom Autor einer Lernumgebung bzw. von einem „Graph-Drawing-Spezialisten" abhängig von der Lernumgebung zweckorientiert getroffen werden.

2.6.4 Informationskarten

Als fruchtbarer Ansatz hat sich die Repräsentation von vielschichtigem Wissen in *begrifflichen Informationskarten* erwiesen, da die reichhaltigen Informationen über den Aufbau und den Zusammenhang der Inhalte des Wissensgebietes in einer Form wiedergegeben werden können, die nicht zu komplex und unübersichtlich wird.

Unter dem Begriff *Informationskarte* wird in dieser Arbeit eine Repräsentation nicht-geografischer Daten und Informationen in Landkartenform verstanden. Durch die Aktivierung von Hintergrundwissen des Benutzers über Landkarten ist er ganz selbstverständlich in der Lage, sich in einer solchen Wissenslandschaft zu orientieren. Als Interaktionselemente (wir gehen von einem Computer/Bildschirm als Darstellungsmedium aus) stehen selbstverständlich die für eine Landkarte üblichen zur Verfügung: „Scrollen", „Zoomen", Detailmenge regulieren. Aber auch zusätzliche Werkzeuge wie Hyperlinks oder Animationen sind denkbar (vgl. [Hay01]). Die Informationskarten schließen in dieser Bedeutung an die Wissenskarten von Probst et al. an:

> „Wissenskarten sind [...] graphische Verzeichnisse von Wissensträgern, Wissensbeständen, Wissensquellen, Wissensstrukturen oder Wissensanwendungen. Neben der Transparenzerhöhung ermöglichen sie das Auffinden von Wissensträgern oder -quellen, erleichtern das Einordnen von neuem Wissen in bestehendes und verbinden Aufgaben mit Wissensbeständen bzw. -trägern [...] Bringt man diese Informationen auf Computer, strukturiert die Daten nach unterschiedlichen Kriterien und nutzt die technologischen Visualisierungsmöglichkeiten, kann man den Zugriff auf formalisierbare Wissensarten enorm vereinfachen und macht diese zeit- und raum*un*abhängig für einen großen Personenkreis zugänglich." [PRR99]

Die Informationskarte soll für den Benutzer eine *Orientierungs- und Navigationshilfe* darstellen, um in das Wissensgebiet einzusteigen und sich darin „besser" bewegen zu können, d. h. die Informationskarte erschließt die Objekte des Wissensgebietes, zeigt die logischen Verknüpfungen auf und unterstützt Anfragen des Benutzers über weitere Optionen bei der Navigation, indem sie vielfältige Möglichkeiten zur Wahl stellt.

Der Begriff „Navigationshilfe" soll andeuten, dass der Lernende im Sinne eines explorativen Arbeitens mit dem Start in einer Wissensumgebung gewissermaßen eine Wissenslandschaft betritt, in der er sich orientieren muss. Über das Erkunden von verschiedenen Pfaden und Plätzen durch das Wissensgebiet sammelt er reichhaltige Erfahrungen, aus denen der Benutzer für sich neues Wissen konstruieren kann. Wichtig ist, dass die Navigationssysteme nicht nur die formal-strukturellen Aspekte, d. h. die Vernetzung, darstellen, sondern auch inhaltlich-begrifflich aufschlussreich sind (vgl. [Lec94]): In der Informationskarte werden die einzelnen Wissenseinheiten als „Städte" mit aussagekräftigen Namen und Metadaten versehen dargestellt, außerdem werden bestimmte Wissens- und Themengebiete zu „Ländern" zusammengefasst, etc.

Da Karten in vielen Bereichen des alltäglichen Lebens vorkommen, z. B. als Straßenkarten, U-Bahn-Netz-Karten, etc., kann ein Vorwissen der Lernenden angenommen und aktiviert werden: Die meisten Menschen sind im Umgang mit Karten vertraut und verstehen die Bedeutung der dort gezeigten Zeichen: Die Abbildung der Lernumgebung in einer „Landkarte", in der die Wissenseinheiten als „Städte", die Beziehungen und Relationen zwischen den Einheiten als „Straßen", die verschiedenen Themengebiete als „Länder" usw. auftreten können, ist sehr nahe an einer herkömmlichen Karte mit Linien-, Orts- und Flächensignaturen. Zusätzliche Beschriftungen und auch der Einsatz einer Legende zur Erklärung der eingesetzten Signaturen sind unmittelbar verständliche Hilfsmittel zur Unterstützung der Navigation in der Lernumgebung.

In Tabelle 2.10 sollen die Bestandteile einer Informationskarte ihren Entsprechungen in der Geographie bzw. Kartographie und ihren mathematischen Beschreibungsmöglichkeiten anhand von Mitteln der Graphentheorie gegenübergestellt werden.

Informationskarte	Kartographie/Geographie	Graphentheorie
Wissenseinheiten	Orts-/Punktsignaturen (Städte/Orte)	Ecken/Knoten
Verbindungen durch didaktische Relationen	Liniensignaturen (Straßen, Verbindungen, Grenzen)	(gerichtete) Kanten
Wissensgebiete, Themen- und Inhaltsgebiete	Flächensignaturen (Länder)	Partitionen
Wissensarten	unterschiedliche Ausprägungen von Signaturen	Färbungen
Metadaten, Relationen, Namen	Beschriftungen	Labels
alle Themengebiete, alle Metadaten, alle Namen von Lernmodulen, alle didaktische Relationen	Legende	

Tabelle 2.10: Elemente der Informationskarte

Neben der Darstellung der Nachbarschaft von Wissenseinheiten in der Form von „Landkarten" sollen auch andere Schichten der Wissensumgebungsstruktur sichtbar gemacht werden, insbesondere auch das hierarchische Gefüge der Einheiten (vgl. [Kre00, S. 44]).

Dies geschieht einerseits durch Ausformung von „Ländern", die eine erste Hierarchie-Ebene beschreiben. Andererseits ist aber auch die Darstellung der Zusammenhänge der Relationen und Verbindungen der Metadaten untereinander wertvoll und kann über die später vorgestellte Mathematisierung gewonnen werden.

Bedeutung von Karten zur Wissensrepräsentation

Für die Kartographie sind Karten verebnete, in der Geographie auch maßstabsgebundene, generalisierte und inhaltlich begrenzte Modelle räumlicher Information. Um eine gute Repräsentation von vielschichtigen Informationen in Karten auch sicherzustellen, werden folgende Forderungen an Kartendarstellungen erhoben (vgl. [Wil90, S. 18f]):

- Die in der Karte wiedergegebenen Informationen müssen *genau* sein, d. h. die angezeigten Inhalte und andere Angaben müssen getreu den Gegebenheiten in der Wirklichkeit sein.

- Die Karte muss möglichst *vollständig* sein, d. h. der Karteninhalt muss für den ausgewählten Ausschnitt den Wissensstand des Autors explizit machen und darf keine wichtigen Informationen unterschlagen.

- Die Karte muss *zweckmäßig* sein, d. h. die Karte mit ihrer Darstellung, Format u. ä. soll ihrem Verwendungszweck angepasst sein.

- Die Karte muss *klar* und *verständlich* sein, d. h. was präsentiert werden sollte, muss klar unterscheidbar und in der Bedeutung gut erschließbar dargestellt werden; die Übersichtlichkeit darf nicht durch eine Überladung der Karte mit Stoff und Informationen beeinträchtigt werden.

- Die Karte muss *übersichtlich* und *leicht lesbar* sein, d h. die Wahl und Anordnung der verwendeten Zeichen muss wohl überlegt sein, die Darstellung geschickt und ästhetisch befriedigend ausgeführt werden.

Von sog. *thematischen Karten*, also Karten, die nicht eine landschaftliche Oberfläche, sondern andere „Themen" wie z. B. den Zusammenhang einer Lernumgebung darstellen, wird zusätzlich gefordert ([Wil90, S. 198]):

- „Darzustellender Stoff muss geordnet (klassifiziert), vereinfacht (generalisiert) und gegebenenfalls auf Grundform zurückgeführt (typisiert) sein.

- Zahl darzustellender Erscheinungen soll begrenzt sein [...]
- Farben und Kartenzeichen sollen sich deutlich voneinander abheben.
- Legende der Karte soll einprägsam und logisch aufgebaut sein."

Aber auch die Grenzen von Karten werden klar benannt: Die Karte kann eine Landschaft oder ein Thema selbst nicht eins zu eins wiedergeben, sondern nur vereinfachte abstrahierte Aspekte.

Was leisten Karten?

Karten erlauben es, wichtige Dinge im Blick zu haben bzw. in Blick zu nehmen, wenn es denn notwendig wird, um Entscheidungen über das weitere Vorgehen zu treffen. Auch wenn man immer interpretieren muß, wie die Karte als Repräsentation der Umwelt zu verstehen ist, macht sie doch in gewisser Weise die Entscheidungsmöglichkeiten transparent. So eröffnet sie die Chance auch spontane Änderungen einzubringen, die sich erst im Verlauf ergeben, die zu Beginn einer Fahrt oder Reise noch nicht feststanden.

Karten erhalten ihren besonderen Wert dadurch, daß sie uns eine Möglichkeit bieten, die Realität zu erschließen. Die Karte repräsentiert ein Stück Realität. Jedoch ist sie nicht objektives Abbild unserer Umwelt, sondern ganz stark auch Produkt eines soziokulturellen Entstehungsprozesses.

„Maps are a product not only of »the rules of the order of geometry and reason« but also of the »norms and values of the order of social [...] tradition«
" [Har89]

Man kann sogar soweit gehen zu sagen, dass Karten lediglich eine Art und Weise sind die Welt zu sehen, aber weit davon entfernt sind, uns die Welt direkt und objektiv zugänglich zu machen. Wir müssen uns klar machen, daß Karten in einer Art Sprache verfasst sind und somit einen „Text" darstellen, der bestimmten festgelegten Regeln zum Lesen einer Karte folgt, diese aber sozial und kulturell abhängig sind. Anstatt der vermeintlichen Klarheit und Transparenz bietet sich auch in Karten eher das Bild einer Vielschichtigkeit. Das Lesen der Karten muß über das reine Überprüfen der geometrischen Genauigkeit, über die Lokalisierung bestimmter Punkte auf der Karte und über Wiedererkennung bestimmter topographischer Eigenschaften und geographischer Muster hinausgehen. Stattdessen ist eine umfassende Interpretation der Karte notwendig (vgl. [Har89]): die Bedeutung der

Zeichen und die dargestellte Beziehung zwischen ihnen muss aus dem vorhandenen Wissen konstruiert werden.

Karten bieten in gewisser Weise Klarheit, Strukturiertheit und Transparenz, indem sie formale Elemente enthalten, vielschichtige Informationen in Zeichen komprimiert werden und einige Informationen auch ganz vernachlässigt und nicht dargestellt werden. Allerdings macht uns genau diese Formalisierung in der Karte die Welt nicht direkt und objektiv zugänglich, sondern wir müssen die Information der Karte entschlüsseln und interpretieren, uns unser eigenes Bild der Welt zusammensetzen, welches dann gewisse Zusammenhänge sehr vielgestaltig und bedeutungsvoll wiedergeben kann.

Welche logischen Fähigkeiten setzen Karten voraus?

Sowohl bei der Erstellung einer Karte als auch zum Verständnis von Karten werden vom Autor bzw. Benutzer logische Fähigkeiten abverlangt. Die wichtigsten sollen hier kurz vorgestellt werden:

- Verständnis für *Abstraktion*: die Umwelt wird nicht 1:1 abgebildet wie auf einem Foto, sondern eben nur in abstrakter Form, d. h. es werden Zeichen und Symbole verwendet, die relativ beliebig, aber inzwischen konventionalisiert die Landschaft repräsentieren.

- Um Karten interpretieren zu können, müssen wir sie *analysieren*, d. h. wir müssen die Karte in ihren Bestandteilen erfassen und zerlegen, um uns dann über die einzelnen Bestandteile ein Gesamtbild zu verschaffen.

- Bei der Erstellung von Karten muß man sich überlegen, wie man die Zeichen auf dem Papier so *anordnet*, daß die wichtigen Zusammenhänge klar herauskommen und wichtige Informationen deutlich erkennbar sind.

- Die *Darstellung* ist natürlich ein zentraler Punkt bei der Herstellung von Karten: Welche Art und Weise der Darstellung wird gewählt? Welche Hilfsmittel werden wie eingesetzt, sodass die Karte auch verständlich und übersichtlich bleibt?

Die beiden letzten Punkte beziehen sich zwar stärker auf den Ersteller, dennoch wird ein Grundwissen über die Möglichkeiten und Grenzen der Darstellung und Anordnung auch vom Leser einer Karte verlangt. Eine breitere didaktische Auseinandersetzung dieser Aspekte findet sich bei Söbbeke (vgl. [Sö05]).

Bedeutung der begrifflichen Informationskarten

Die begrifflichen Informationskarten sollen dem Benutzer helfen, das Wissensgebiet in seiner Vielfalt an Möglichkeiten zu erschließen. Dabei repräsentiert die Informationskarte das Wissensgebiet, bietet einen Eindruck der „Wissenslandschaft", nicht als „Fotografie", nicht als objektives Abbild, denn das Wissensgebiet ist natürlich viel mehr als ihre Informationskarte. Die Informationskarten enthalten kontextuell-logisch codierte Informationen. Sie schließen didaktische Überlegungen bzgl. der didaktischen Relationen und dem Design mit ein und berücksichtigen sozio-kulturelle Konventionen, die in der Lesetechnik von Karten vorhanden sind. Dies geschieht durch die Verwendung von Zeichen und Symbolen in einer vernetzten Darstellung, die die Fülle der Wissenseinheiten strukturiert und übersichtlich, nach inhaltlichen, didaktischen und lernpsychologischen Gesichtspunkten geordnet transparent macht. Dabei werden viele Informationen nicht explizit gemacht: Die Wissenseinheiten werden durch „Punkte" repräsentiert, logische Verbindungen durch Striche, Inhalte der Einheiten bleiben ausgeblendet oder nur bestimmte Verbindungen werden aufgezeigt. Der Benutzer ist nun herausgefordert, mit seiner (Allgemein-)Bildung und seinem Vorwissen, die in der Informationskarte enthaltenen Informationen herauszulesen, sich seinen Weg zu suchen, sich sein eigenes Bild der Wissenslandschaft zu konstruieren. Wichtig für den späteren Gebrauch ist eine übersichtliche Gestaltung mit einprägsamen, „typischen" Symbolen und Farben und eine *Legende*, die als Lesehilfe die Erklärung aller verwendeter Signaturen bieten muss.

Eine Evaluation mit 135 Probanden, die in zwei Gruppen mit einem Lernsystem gearbeitet haben, wovon die eine Gruppe nur mit den Standardfunktionen eines Internetbrowsers, die andere Gruppe mit einer umfassenden Orientierungs- und Navigationshilfe im Sinne dieser Arbeit ausgestattet war, kommt zu dem Ergebnis, dass der Einsatz von grafischen Übersichtskarten als sehr sinnvoll und sehr hilfreich von beiden Gruppen bewertet wird. Als Begründung wurde von den Nutzern der grafischen Übersichtskarten die Förderung der Orientierung im Lernsystem und die einfachere Rekonstruktion der Gesamtstruktur genannt (vgl. [Kre00, S. 115ff]).

Anwendungsbeispiele für solche Informationskarten finden sich wie schon angeklungen in der Strukturierung von Lernumgebungen für selbstgesteuerte Lernprozesse (vgl. Abb. 2.9 aus [Hel02]) oder der Gestaltung von Flugplänen für Österreich und Australien (vgl. [EGSW00], [Wi02b]).

Abbildung 2.9: Beispiel einer Informationskarte als Orientierungshilfe in einer Lernumgebung (Legende siehe Anhang B.4)

2.7 Abgrenzung zu anderen Disziplinen und Darstellungen

Diagramme ganz allgemein und auch Liniendiagramme sind in vielen Disziplinen zentraler Forschungsgegenstand oder wichtiges Kommunikationsmittel. Jedoch bleibt es meist ohne die enge Verknüpfung zum menschlichen Denken über die Begriffe. Diagramme haben im Vergleich zu anderen Darstellungen nur wenig mehr Bedeutung. Welche Zwecke andere Disziplinen mit Diagrammen verfolgen, wird in diesem Abschnitt kurz dargestellt.

Diskrete Mathematik und Graphentheorie

In der Diskreten Mathematik werden Diagramme als Visualisierung eines sog. Graphen, d. h. einer Menge von Ecken mit diese verbindenden Kanten, eingesetzt. Der Graphentheorie geht es mehr um eine allgemeine Beschreibungen von Graphen und ihren Eigenschaften als um die Entwicklung einer diagrammatischen Ausdrucksform. Typische Fragestellungen drehen sich dabei um die Planarität von Graphen, d. h. ihrer möglichst kreuzungsfreien Darstellung und Überlegungen zur Optimierung von Zielen wie das Einfärben der Ecken oder Kanten mit möglichst wenigen Farben so, dass benachbarte Ecken oder Kanten nicht gleich gefärbt sind. Außerdem verwendet die Optimierung Graphen zur Modellierung und als Lösungswerkzeug von Anwendungsproblemen.

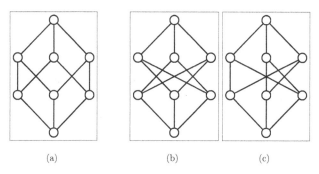

(a)   (b)   (c)

Abbildung 2.10: Liniendiagramme zum Verband mit drei erzeugenden Elementen: 2.10(a) die übliche Darstellung, 2.10(b) wie er gelegentlich von Verbandstheoretiker gezeichnet wird, 2.10(c) unschöne Version. [Fr04]

In der Formalen Begriffsanalyse müssen die Verbindungslinien zwischen den Begriffen nicht überschneidungsfrei sein, um als „gute Diagramme" zu gelten. Die Anforderungen an Optimalität der Graphen in der Graphentheorie sind nur bedingt relevant für die Verbandsdiagramme. So kann die Darstellung bestimmter logischer Strukturen, wie z.b. Boolescher Strukturen in Würfelstrukturen besser sein, um die Zusammenhänge der Daten angemessen darzustellen, als eine Darstellung mit möglichst wenig Überschneidungen. Gerade am Beispiel der Würfelstrukturen (Abb. 2.10) sieht man, dass Darstellungen, die auf klaren logischen Strukturen wie dem Würfel beruhen, mit wenigen Überschneidungen auskommen.

Informatik

Die Informatik versucht z. B. in der Künstlichen Intelligenz mit Diagrammen Sprache abzubilden. Dabei liegen den verwendeten Diagrammen aber keine mathematischen Beschreibungen zu Grunde, sondern sie orientieren sich stark an formalen Beschreibungen von Programmstrukturen. Der Einsatz von Technik soll erreichen, Diagramme immer besser automatisch zeichnen zu lassen. Im Vordergrund der Untersuchungen stehen dann

Effizienz und Komplexitätsfragen, nicht aber die Anwender bzw. die Praxis. Außerdem werden oft fragwürdige Modelle und Vorstellungen von Daten, Information und Wissen verwendet, die nicht an ein philosophisches oder allgemeines Verständnis anknüpfen, sondern getrieben sind von einer überzogenen Einschätzung der Weiterverarbeitungsmöglichkeiten von Wissen.

Die Technik dominiert das Diagramm, nicht die Verständigung mit dem Anwender über die angemessene Darstellung. Die Formale Begriffsanalyse und das daraus hervorgegangene TOSCANA-Programm betont aber gerade nicht die technische Erstellung des Diagramms, sondern die Erarbeitung der Wissensbasis und die Arbeit an einem von der Software vorgeschlagenen Diagramm. Die Möglichkeiten der anschließenden Diagramm-Manipulation werden vom Anwender und seinem (Begriffs)verständnis her gedacht. Diese Möglichkeiten des Interagierens mit Software werden im Abschnitt 4.3 noch genauer beschrieben.

Visualisierung

Mit einem geradezu „zwanghaften" Einsatz von Technik und immer weiter verfeinerten Algorithmen versuchen die Forscher der Disziplin der Visualisierung die Diagramme in Griff zu bekommen. In den letzen Jahren wurde im Zuge von Web 2.0 viel mit animierten und dreidimensionalen Visualisierungen von Diagrammen gearbeitet, wobei beachtliche Erfolge bei der Darstellung von komplexen Flächen und Strömungen erzielt wurden.

Ausgangspunkt ist das folgende Modell der Visualisierung:

$$Daten \longrightarrow Filtering \longrightarrow Mapping \longrightarrow Rendering \longrightarrow Bild$$

Filtering beschreibt den Arbeitsschritt der Datenaufbereitung, im Mapping wird ein Geometriemodell erzeugt, das dann zur Bildgenerierung (Rendering) eingesetzt wird.

Bei der Datenaufbereitung geht es in der Regel immer um geeignete Koordinatisierung und Übersetzung der Daten in Zahlenwerte - unberücksichtigt bleiben Daten, die meßtheoretisch nicht in Form von Zahlenwerten angegeben werden können und anderer Verfahren bedürfen. Als geometrisches Modell dienen oft nur Standardmodelle, in die die Daten dann „hineingezwängt" (projiziert) werden, die Bildgenerierung erfolgt rein mechanisch-technisch, somit werden alle nicht formalisierbaren Gestaltungsregeln nicht berücksichtigt (vgl. [Str97], [SM00]).

Statistik

Die Statistik setzt ganz unterschiedliche Diagramme ein, die jeweils auf den Kenngrößen basieren, die aus Daten errechnet wurden. Es werden nicht mehr die ursprünglichen Daten, sondern nur noch ihre Derivate als Raffungen der Ausgangsdaten dargestellt.

Liniendiagramme als Mittel der Wissenskommunikation in einer engen Beziehung zum begrifflichen Denken einzusetzen, bleibt ein Alleinstellungsmerkmal der Formalen Begriffsanalyse. In der weiteren Arbeit werden auch nur noch beschriftete Liniendiagramme zu Begriffsverbänden betrachtet und in ihren vielschichtigen Bedeutungen untersucht.

Andere Darstellungen von Daten

Daten werden nicht nur mit Liniendiagrammen visualisiert, sondern es gibt ein ganze Reihe anderer diagrammatischer Darstellungsmittel, von denen einige hier kurz erwähnt werden sollen.

Die vermutlich am meisten verbreitete Darstellungsform von Daten sind *Listen* und *Tabellen*. Sie stellen eine gute Möglichkeit dar, Zahlen, Werte und einfache Relationen strukturiert wieder zu geben. Datentabellen sind auch die Grundlage der Formalen Begriffsanalyse für die Darstellung in Liniendiagrammen. Tabellen schaffen es aber nicht, die Daten in ihren Zusammenhängen und Bedeutungen übersichtlich darzustellen, wie dies durch Aggregation in Begriffen und Hinzunahme einer Ordnungsstruktur in Liniendiagrammen möglich ist.

Mit *Kurvendiagrammen* lassen sich besonders gut Entwicklungsverläufe und die vergleichende Darstellung von Prozessen wiedergeben. Sie eignen sich damit gut für die Darstellung von funktionalen Abhängigkeiten, stoßen aber bei höherdimensionalen Daten schnell an ihre Grenzen.

Die *Säulen- und Balkendiagramme* bieten die Möglichkeit zwei oder mehrere Größen im Vergleich darzustellen. Sei zeigen Unterschiede absoluter Zahlen, aber keine Verläufe auf, und eigenen sich daher besonders gut für die Gegenüberstellung von Daten.

Kreis- und Tortendiagramme stellen sehr gut Anteile einer Gesamtheit dar, sind darüber hinaus in der Darstellungskraft aber eher beschränkt.

Sehr komplexe Darstellungen ermöglichen *Organigramme* und *Netzpläne* von Strukturen und Prozessabläufen. Sie haben den Vorteil sehr frei gestaltbar zu sein, lassen es dann bei größeren Darstellungen an Übersichtlichkeit und Expressivität mangeln. Die fehlende formale Fundierung bedingt immer neue Formen der Darstellung und neue Leseregeln, es fehlt ein strukturgebendes Element wie die Ordnungsstruktur der Liniendiagramme von Begriffsverbänden.

Für bestimmte Darstellungen von Ausschnitten aus Daten leisten die hier genannten Darstellungsformen je nach Ziel und Zweck sicherlich gute Dienste. Für die weitere Arbeit werden aber nur beschriftete Liniendiagramme von Begriffsverbänden diskutiert, weil sie semantisch überzeugen und auch für vielschichtige Daten gut einsetzbar sind.

3 Semantologie von Liniendiagrammen und semantischen Strukturen

Semantische Strukturen spielen im Bereich der Wissenskommunikation eine tragende Rolle. Durch sie werden Strukturen geschaffen, die Bedeutung kommunizieren helfen. Menschen haben durch ihre Sprache ganz unterschiedliche Bedeutungssysteme, besitzen aufgrund ihrer Erfahrungen und lebensweltlichen Verortung oft ganz verschiedene Bilder von Welt. Nach Frege ist dabei die Bedeutung als Sinngebung zu unterscheiden von der Referenzierung auf bestimmte sprachliche oder symbolische Repräsentationen eines Begriffes oder auf einen bestimmten Gegenstand (vgl. [Fre1892]). So haben „Morgenstern" und „Abendstern" unterschiedliche Bedeutungen, beziehen sich aber auf den gleichen „Referenten", nämlich den Planeten Venus. Solche semantischen Unterschiede können durch semantische Strukturen repräsentiert werden. Damit wird es auch möglich, verschiedene Vorverständnisse aufzudecken und kommunikativ zu einer einheitlichen Bedeutungszuweisung zu kommen. Liniendiagramme, wie sie für die Repräsentation von Begriffsverbänden eingesetzt werden, stellen eine besonders gute Visualisierung solcher Strukturen dar, weil sie zu mehr Transparenz führen und weitgespannte Bedeutungszusammenhänge darstellen.

In diesem Kapitel wird eine dreifache Semantik von semantischen Strukturen eingeführt und die verbindende Funktion der Liniendiagramme zwischen diesen semantischen Sichtweisen dargestellt. Weiterhin beschreibt dieses Kapitel den transdisziplinären Charakter von Liniendiagrammen und wie Liniendiagramme das menschliche Denken unterstützen, indem sie mathematische und philosophische Aspekte mit Sichtweisen in den Anwendungen verknüpfen. Diese umfassende Sicht auf semantische Strukturen wird im Begriff „Semantologie" ausgedrückt und stellt sich nach Gehring und Wille bewusst gegen den in der Informatik weit verbreiteten, aber unschärferen Begriff „Ontologie":

> „More, precisely, we understand Semantology as the theory of semantic struc-
> tures and their connections which, in particular, make possible the creation of
> suitable methods for knowledge representations. Thus, Semantology should al-
> so cover the general methodology of representing information and knowledge."
> [GeW06]

Im letzten Abschnitt werden Denkhandlungen vorgestellt, die für den Austausch von
Wissen und Kommunikationsprozesse wichtig sind und so die Brückenfunktion untermau-
ern.

3.1 Verortung in der Philosophie von Charles Sanders Peirce

Eine wichtige Grundlage für die weiteren Ausführungen bildet die Philosophie von Charles Sanders Peirce (1839 - 1914), bedeutender amerikanischer Philosoph, Mathematiker,
Logiker, Metaphysiker und Begründer des Pragmatismus. Der Pragmatismus (vgl. auch
„pragmatisch": aus dem Griechischen: nützlich, handelnd, praktisch) ist eine philosophische Lehre, welche das Denken vom Standpunkt der Brauchbarkeit und in Hinblick auf
praktisches Handeln beurteilt. In der „pragmatischen Maxime" kennzeichnet Peirce die
Richtung unseres Denkens:

> „Überlege, welche Wirkungen, die denkbarerweise praktische Relevanz haben
> könnten, wir dem Gegenstand unseres Begriffs in unserer Vorstellung zuschrei-
> ben. Dann ist unser Begriff dieser Wirkungen das Ganze unseres Begriffes des
> Gegenstandes." [Pe31, Abschnitt 402]

Die Ausrichtung auf die Wirkungen unseren Denkens und unserer Begriffe ist leitend
für die Entwicklung der Formalen Begriffsanalyse mit ihrem Anliegen, eine mathematische
Theorie zur bedeutsamen Anwendung zu bringen. Dabei ging es in der Begriffsbildung und
Theorieentwicklung immer auch darum, nahe am Denken der Menschen zu bleiben und
Darstellungen zu entwickeln, die in der Anwendung wirksam werden.

Diagramme bilden eine Brücke zwischen mathematischem und logischem Denken und
deren Anwendungen. Dadurch helfen sie der Mathematik und der Logik, das menschliche

Denken zu unterstützen. Besonders Liniendiagramme von Begriffsverbänden unterstützen das menschliche Denken, indem sie auf Begriffen, den Grundformen des Denkens, aufbauen. Die bewährte Mathematisierung von Begriffen im Rahmen der Formalen Begriffsanalyse deckt sich gut mit dem logischen Verständnis von Begriffen und dem Denken in Hierarchien der Anwendungen.

Die drei nachfolgend dargestellten semantischen Sichten auf semantische Strukturen gründen sich nach ihrem Grad der Abstraktheit auf die Klassifikation (siehe Übersicht 3.1) der Wissenschaften von Charles S. Peirce.

> „I would classify the sciences upon the general principle set forth by Auguste Comte, that is, in the order of abstractness of their objects, so that each science may largely rest for its principles upon those above it in the scale while drawing its data in part from those below it."
> [Pe92, S. 114]

Die Klassifikation gibt also in der einen Richtung der Ordnung (von oben nach unten) den Grad der Abstraktheit wieder bzw. oder in der dualen Ordnung den Grad der Konkretheit.

Auf der ersten Ebene der Klassifikation teilt Peirce die Wissenschaften in drei Hauptgruppen ein: Mathematik, Philosophie und spezielle Wissenschaften [Pe00, S. 71]. Die Klassifikation beginnt mit Mathematik als der abstraktesten Wissenschaft, die uns „potentielle Realitäten" bereitstellt, einen „Kosmos von möglichen Formen des Denkens, eine Welt des potentiellen Seins" [Pe92, S. 120], Prototypen für Formen des Denkens, die nur in unseren Gedanken existieren, wie Ideen und sehr abstrakte Formen einer denkbaren Welt. Die Philosophie hingegen beschäftigt sich mit „aktualen Realitäten", also Dingen der realen Welt, die physisch oder psychisch vorhanden und wahrnehmbar sind. An dritter Stelle setzt Peirce die auf eine bestimmte Anwendung spezialisierten Fachwissenschaften. Darunter fallen auch die üblichen Naturwissenschaften, die sich mit speziellen Aspekten von aktualen Realitäten befassen.

In einer ausführlichen Taxonomie (vgl. Tabelle 3.1) verfeinert Peirce die Unterteilung der drei Wissenschaftsbereiche. Philosophie wird untergliedert in die positiven Wissenschaften der Phänomenologie, die normative Wissenschaften und Metaphysik. Die normativen Wissenschaften fächern sich weiter auf in Ästhetik, die sich mit der Frage beschäftigt, was wünschenswert ist, Ethik, die die Frage nach dem Guten aufgreift, und

Logik, die die Repräsentationen von Welt und erfahrbaren Dingen bereitstellt.

Mathematik beschreibt als abstrakteste Wissenschaft potentielle Realitäten und beschäftigt sich als einzige Wissenschaft mit dem Hypothetetisch-Konditionalen, also mit dem, was möglich sein könnte (und auch was nicht möglich sein kann).

1. Mathematik (potentielle Realitäten):
   a) Mathematische Logik
   b) Mathematik der diskreten Strukturen
   c) Mathematik der kontinuierlichen Strukturen

2. Philosophie (positive Wissenschaften: Beschreibung der aktualen Realitäten)
   a) Phänomenologie
   b) Normative Wissenschaften
      i. Ästhetik
      ii. Ethik
      iii. Logik
   c) Metaphysik
      i. Ontologie
      ii. Religionswissenschaften
      iii. physikalische Metaphysik

3. Empirische Wissenschaften
   a) Naturwissenschaften
      i. Physik
      ii. Biologie
      iii. Astronomie
   b) Geistes- oder Humanwissenschaften
      i. Psychologie
      ii. Ethnologie
      iii. Geschichtswissenschaften

Tabelle 3.1: Klassifikation der Wissenschaften nach Peirce [Pe03, Abschnit 181]

Die Aufgabe der Mathematik ist es, das menschliche Denken zu unterstützen und dafür potentielle Realitäten als Denkmuster zu bieten. Die aktualen Realitäten haben in der *Logik* ihren Platz, wo es um die realen Dinge und die ganzheitliche Wahrnehmung von Welt geht.

Es ist wichtig, diesen Unterschied heraus zu stellen, um die Verschiedenheit zwischen mathematischem und logischem Denken zu begreifen. Häufig wird gerade dies nicht ausreichend betont, wie z. B. im Mathematikunterricht der Mittelstufe bei der Einführung von Variablen und Termen. Dort wird der Eindruck erweckt, dass symbolische Zahlen (Variable) genauso Zahlen sind, wie die alltäglich erfahrbaren natürlichen oder ganzen Zahlen. Stattdessen sind Variablen aber Abstraktionen, die zwar unser Denken im Sinne einer Modellierung unterstützen, aber als Realitäten so auch nur in unserem Denken vorkommen.

Innerhalb der Gruppe der positiven Wissenschaften nimmt die Logik eine herausragende Stellung ein:

> „Logic is the science of thought, not merely of thought as a psychical phenomenon but of thought in general, its general laws and kinds." [Pe92, S. 116]

Die Logik stellt die Grundformen des Denkens bereit und ist deshalb auch stark mathematisch geprägt.

> „It *is* mathematical in that way, and to a far greater extent than any other science (...). All necessary reasoning is strictly speaking mathematical reasoning[,] that is to say, it is performed by *observing* something equivalent to a mathematical Diagram; but mathematical reasoning *par excellence* consists in those peculiarly intricate kinds of reasoning which belong to the logic of relatives." [Pe92, S. 116]

Die Mathematik nutzt also logische Denkformen für mathematische Begründungen und die Logik übernimmt Repräsentationen für Denkfiguren aus der Mathematik. Logik wird so zu einer Repräsentation unseres aktualen Denkens und Handelns.

3.2 Die dreifache Semantik von Liniendiagrammen

Liniendiagramme können in verschiedener Hinsicht Bedeutung tragen. Im Folgenden sollen drei wichtige semantische Sichtweisen auf Liniendiagramme vorgestellt werden.

3.2.1 Die Sicht der konkreten Anwendungen

Auf der konkreten Ebene der Anwendungen ist die Bedeutung begrifflichen Wissens durch die jeweilige Fachsprache und dem fachbezogenen Verständnis gegeben. Im Beispiel Abb. 3.1 des Wortfeldes „Gewässer" sind hydrologische Merkmale von verschiedenen Gewässerarten zusammengestellt. Die dort verwendeten Gegenstands- und Merkmalsnamen entstammen der Fachsprache der Hydrologie. Die Einteilung dient z. B. dazu, bei Kartierungen die Gewässer mit der passenden Signatur einzutragen, was für eine spätere Ausweisung von Schutzgebieten eine wichtige Information darstellt.

	natürlich	künstlich	fließend	stehend	binnenländisch	maritim	temporär	konstant
Lache	X			X	X		X	
Pfütze	X			X	X		X	
Rinnsal	X		X		X			X
Bach	X		X		X			X
Fluss	X		X		X			X
Strom	X		X		X			X
Kanal		X	X		X			X
Haff	X			X		X		X
Meer	X			X		X		X
Weiher		X		X	X			X
Maar	X			X	X			X
Pfuhl	X			X	X			X
See	X			X	X			X
Tümpel	X			X	X			X
Teich	X			X	X			X

Abbildung 3.1: Kontext zum Wortfeld „Gewässer"

Semantische Strukturen aus Sicht der konkreten Fachwissenschaften entfalten ihre Kraft als semantische Netze spezieller Begriffe. Die spezialisierten Ziele und die besonderen konkreten fachlichen Hintergründe in Anwendungswissenschaften geben semantischen Strukturen eine zweckorientierte Bedeutung. Mit dieser speziellen Sicht, mit einer Vielzahl von Konnotationen, die hervor gerufen werden und mit der Relevanz für die Anwendungen, sind semantische Strukturen sehr dicht am speziellen Denken und Handeln in diesen Anwendungsbereichen.

> „*Representations of knowledge* about scientifically accessible domains should enabale the reconstruction of the represented knowledge by users with a relevant scientific background, i.e., users who have internalized enough semantic structures of the corresponding special sciences." [GeW06]

Die ursprüngliche Repräsentation des Wissens über Gewässer erfolgte in Form einer Datentabelle (vgl. Abb. 3.1). Die Experten der Gewässerkunde legten für ihre weitere Arbeit wichtige Merkmale fest und wählten die interessanten Objekte aus.

3.2.2 Die philosophisch-logische Sicht

Die philosophische Sicht auf semantische Strukturen ist deutlich allgemeiner. Die Philosophie entfaltet ein breites Verständnis von semantischen Strukturen und legt sich nicht auf eine abgeschlossene Interpretation fest, sondern eröffnet verschiedene Bedeutungszuweisungen. Semantische Strukturen müssen aus Sicht der Philosophie als Netz von unterschiedlichen Bedeutungen und Facetten eines Themas verstanden werden.

Für die traditionelle Logik als Wissenschaft von den Formen des Denkens stehen Begriffe (als Grundeinheiten des Denkens), Urteile (als Verbindungen von Begriffen) und das Schließen (als Folgerungen von Urteilen aus anderen) im Mittelpunkt der Betrachtung (vgl. [Wi96a, S. 272ff] und [Pre98, S. 7ff]).

Von Aristoteles über Kant trägt dieses Verständnis von Logik als Lehre des Begreifens, des Urteilens und des Schließens als die drei Grundformen des Denkens (vgl. [Ka88, S. 6]) bis in die zeitgenössische philosophische Logik. In dieser Dreiteilung werden Begriffe als grundlegende Formen des Denkens besonders betont: alles menschliche Denken baut auf Begriffe auf – ohne Begriffe wären wir nicht in der Lage, die Welt über ein sensorisches Flimmern hinaus wirklich wahrzunehmen. Die Begriffe geben unseren Wahrnehmungen Gestalt und Bedeutung. Aber der Umgang mit Begriffen erfordert ein reiches Denkvermögen und ausgeprägte kognitive Fähigkeiten, denn Begriffe sind immer eingebettet in einen Kontext aus Begriffen, die miteinander in Beziehung stehen. Schon in unserer frühkindlichen Entwicklung bauen wir implizites Wissen zu Begriffen auf, das einerseits die Reichhaltigkeit des Kontextes bestimmt, der zu einem Begriff aktiviert wird, das aber andererseits durch seine individuelle Ausprägung auch Unsicherheit im Verständnis von Begriffen bedeutet.

Betrachtet man das Beispiel der Gewässerarten in Abb. 3.2, so enthält das Diagramm aus Sicht der philosophisch-logischen Semantik auch abstraktere Elemente als die durch die Datentabelle gegebene Übersicht. Es beruht auf dem Verständnis von Begriffen als Einheiten aus Umfang und Inhalt. In Abb. 3.2 wird eine logische Hierarchie von Begriffen in diesem Sinne dargestellt. So lässt sich z.B. als allgemeiner Zusammenhang erkennen, dass jedes künstliche Gewässer immer auch binnenländisch und konstant, also ganzjährig wasserführend ist.

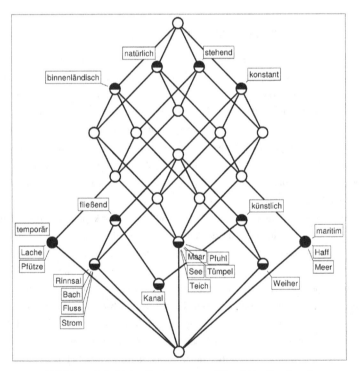

Abbildung 3.2: Liniendiagramm zum Wortfeld „Gewässer"

3.2.3 Die mathematische Sicht

In der Mathematik hat sich im Laufe ihrer Geschichte eine sehr abstrakte Semantik entwickelt. Diese Semantik beruht auf Zahlen, geometrischen Figuren und Mengenstrukturen und bildet ein präzises Werkzeug für die weltumspannende Kommunikation von Mathematikern ohne die Probleme, die die Grenzen der natürlichen Sprachen verursachen. Die heutige Mathematik ist stark geprägt von der mengentheoretischen Semantik, die es schafft, innerhalb der mathematischen Community eine hohe Übereinstimmung in der Akzeptanz von Theorien und Beweisen herzustellen. Deshalb werden semantische Strukturen aus mathematischer Sicht immer dann bedeutungsvoll, wenn sie mengensprachlich formuliert werden.

Diese vielfach bewährte Semantik sichert die Verläßlichkeit der Mathematik. Was mit mathematischer Semantik formuliert wird, gilt als abgesichertes Wissen, die Menschen haben Vertrauen in die Mathematik. Dies kommt auch dadurch zum Ausdruck, dass heute Mathematik eine prägende Rolle in vielen Bereichen der technisierten Welt spielt und für viele Anwendungen und Technologien erst die Grundlage schafft. Skovsmose nennt dies die „formatting power of mathematics" [Sk04, S. 197]. Ohne eine Semantik, die von allen Mathematiktreibenden akzeptiert wird und als Mittel der Beschreibung und Beweisführung eingesetzt wird, wäre dieser Grad an Verläßlichkeit der Mathematik nicht erreicht worden.

Liniendiagramme von Begriffsverbänden basieren auf der Mathematisierung von Datenstrukturen mit Formaler Begriffsanalye. Mit dieser werden Datentabellen durch mengentheoretische Beschreibungen als formale Kontexte $\mathbb{K} := (G, M, I)$ wiedergegeben. Die Objekte werden als formale Gegenstände zur Menge G zusammengefasst, die Merkmale zur Menge M. Aus solchen formalen Kontexten können Begriffe (die Grundformen unseres Denkens) abgeleitet werden, die sich als Paare von Mengen (A, B) mit $A \subseteq G$ und $B \subseteq M$ schreiben lassen. Die als Ober- und Unterbegriffe geordneten Begriffshierarchien nennt man Begriffsverbände, die aus der Theorie der geordneten Mengen und der Verbandstheorie hervor gehen und mathematisch eindrucksvoll entfaltet wurden (vgl. [GW96], [GSW05] und [DaPri02]). Diese bzgl. der beiden Operatoren $\vee$ (Verbindung) und $\wedge$ (Schnitt) abgeschlossene Mathematisierung wird durch Liniendiagramme repräsentiert, die eine geordnete Menge darstellen.

Die Struktur des Begriffsverbands gibt bestimmte Regeln vor, die das Ergebnis der

Darstellung als Liniendiagramm beeinflussen. Das Diagramm zeigt hier einen charakteristischen Wesenszug des mathematisch-logischen Schließens und des mathematisch-formalen Arbeitens. Dagegen öffnet das Diagramm in der Sicht der Anwendungen viele Spielräume für Interpretationen und Assoziationen, die über die Regelhaftigkeit des Diagrammes weit hinausgehen, kreative Kräfte entfalten und so beim Verarbeiten von Wissen und Problemlösen helfen können.

3.2.4 Brückenfunktion der Liniendiagramme

Durch die vorangegangene Darstellung der unterschiedlichen Bedeutungsebenen von Liniendiagrammen sollte die verbindende Funktion der Liniendiagramme zwischen den semantischen Aspekten der Mathematik, des philosophisch-logischen Verständnisses und zweckorientierter Anwendungen deutlich werden.

Zwar sind die Repräsentationen der semantischen Strukturen am Anfang noch unterschiedlicher Natur. Jedoch treffen sich die einzelnen Semantiken in dem zur gemeinsamen Verständigung genutzten Liniendiagramm. Schon eine Datentabelle stellt eine Repräsentation eines formalen Kontextes dar, doch das Liniendiagramm ist noch reichhaltiger, weil dort die philosophisch-logische Sicht auf Diagramme als Begriffshierarchien ganz wesentlich zur Kommunikation der diagrammatischen Darstellung beitragen.

Jeder der drei semantischen Aspekte interpretiert das Liniendiagramm aus einer speziellen Sicht. Dennoch verwenden alle die gleiche Repräsentation von Wissensstrukturen. Die Beschriftung der Liniendiagramme führt die spezielle Anwendersicht mit dem struktur-mathematischen Verständnis zusammen. Die Ausgangsdaten bleiben dabei immer erhalten, aus einem beschrifteten Liniendiagramm lässt sich jederzeit die zugehörige Datentabelle zurückgewinnen, so wie sich aus einer Datentabelle mit feststehenden mathematischen Verfahren immer ein dazugehöriges Liniendiagramm erzeugen lässt.

In den folgenden beiden Abschnitten soll dies weiter ausgebaut werden. Liniendiagramme unterstützen nicht nur die Kommunikation zwischen Mathematikern und Anwendern, sondern auch der Anwender untereinander.

3.2.5 Liniendiagramme als Beitrag zur Transdisziplinarität

Liniendiagramme als zentrales Kommunikationsmittel in der Wissensverarbeitung unterstützen die interdisziplinäre Arbeit und fördern eine transdisziplinäre Methodologie der

Wissenskommunikation.

Durch ihre dreifache Semantik bieten Liniendiagramme verschiedenen Disziplinen ein Mittel zur Wissenskommunikation. Auch die unterschiedlichen Sichtweisen in den einzelnen Fachwissenschaften werden in der logischen und mathematischen Struktur der Liniendiagramme als gemeinsamer Kern der Wissensrepräsentation gebündelt. Das Liniendiagramm integriert die jeweils eigenen Denkweisen der Disziplinen und schafft so die Grundlage für interdisziplinäre Zusammenarbeit. Es bietet eine Form an, sich fächerübergreifend zu verständigen, da es auf der logischen Ebene als Darstellung einer Begriffshierarchie allgemein verständlich ist.

In verschiedenen Projekten (vgl. z. B. [Ko89], [KV00], [WW01]) hat sich gezeigt, dass Liniendiagramme von Anwendern akzeptiert und schnell begriffen werden, und so auch eine Kommunikation über die Grenzen von Disziplinen hinweg möglich wird. Es wird *transdisziplinäres* Arbeiten und Forschen unterstützt, wie es schon in Abschnitt 1.5 dargestellt wurde.

„Mit einer solchen [transdiziplinären] Forschungsform werden fachliche und disziplinäre Engführungen überschritten zugunsten einer – wie es Jürgen Mittelstraß in [Mi96] formuliert – "Erweiterung wissenschaftlicher Wahrnehmungsfähigkeiten und Problemlösekompetenzen". Mittelstraß (...) sieht in der Transdisziplinarität die "wirkliche Interdisziplinarität", die die fachlichen und disziplinären Parzellierungen aufhebt und die ursprüngliche Einheit der Wissenschaft als die Einheit wissenschaftlicher Rationalität im praktisch-operationellen Sinne wieder herstellt (s. [Mi98, S. 44f.])." [Wi02b]

Die Formale Begriffsanalyse stellt eine transdisziplinäre Methodologie bereit: Ihre Anwendung führt zu Liniendiagrammen, die als fachlich unabhängige, allgemeine logische Strukturen helfen, über die Grenzen der eigenen Disziplin hinaus verständlich zu werden und auch die Möglichkeit zu Wissenserweiterungen zu bekommen. Verschiedene Disziplinen finden in den Liniendiagrammen eine gemeinsame Sprache mit durch die mathematische Struktur festgelegter Rationalität.

Anhand der vier Charakterisierungen – Einstellung, Darstellung, Vermittlung und Auseinandersetzung – von Allgemeiner Mathematik soll die Funktion der Liniendiagramme als transdisziplinäres Kommunikationsmittel herausgearbeitet werden.

Die Methoden der Formalen Begriffsanalyse wurden aus dem Begriffsverständnis als den grundlegenden Einheiten unseres Denkens und den existierenden DIN-Formulierungen heraus mit der Einstellung der Allgemeinen Mathematik entwickelt. Die verwendeten mathematischen Methoden sind in mehreren Arbeiten wie einem Vorlesungsskript für Nicht-Mathematiker, in Schulprojekten oder in Kapitel 2 leicht verständlich aufgeschrieben, sodass sie prinzipiell lernbar und damit auch kritisierbar sind, wie die Erfahrungen in diesen Einsatzfeldern zeigt. Die Liniendiagramme als graphische Repräsentation verwenden keine rein mathematischen Ideen, sondern knüpfen an logisches Denken in Hierarchien, an Ordnungsstrukturen von Begriffen an. Kritik und Diskussion über Liniendiagramme ist erwünscht und sogar notwendig, und zwar auf allen semantischen Ebenen.

	Väter: Freie Berufe	Väter: Angestellte	Väter: sonst. Selbst.	Väter: Beamte	Väter: Arbeiter	Väter: Landwirte
Söhne: Freie Berufe	X	X	X			
Söhne: Angestellte	X		X	X		
Söhne: sonst. Selbständige			X	X		
Söhne: Beamte				X		
Söhne: Arbeiter					X	
Söhne: Landwirte					X	X

Abbildung 3.3: Kontext mit dem Ergebnis einer Befragung zu Berufen von Vätern und Söhnen

Liniendiagramme können genau den Zusammenhang zwischen Daten herstellen, der vorher nicht leicht erkennbar war: Die Liniendiagramme sind für die Anwender sinnstiftend und bedeutungstragend dadurch, dass sie Modellierungen von realen Situationen sind. Durch die Beschriftung der Liniendiagramme passiert eine Bedeutungszuweisung an die symbolische Darstellung von Begriffen als Kreisen. Die Bedingungen der Darstellung sind in ihren Grundzügen schnell erfassbar und können im weiteren mit Anwendern ausgehandelt werden. Im Beispiel 3.3 wird der Zusammenhang zwischen den Berufen der Väter und den Berufen der Söhne dargestellt. Grundlage für diese Daten war eine Befragung eines Schuljahrgangs. Im Liniendiagramm (Abb. 3.4) wird sehr gut deutlich, dass es zwischen Arbeitern und Landwirten auf der einen, Angestellten, freien Berufen auf der anderen Seite, keine Durchmischung gibt, sondern stark reproduktive Kräfte bei der Berufswahl der Söhne greifen, wie auch der Begriff mit dem Beruf „Beamter" unterstreicht: nur Söhne von Beamten wurden auch wieder Beamte.

Die Vermittlung von Wissenschaft gelingt mit Liniendiagrammen besonders gut, weil sie Ausschnitte der Lebenswelt wiedergeben und auch Sachverhalte über Fächergrenzen hinweg einsichtig machen können. Die Beschriftung mit Gegenstands- und Merkmalsnamen schaffen immer den Bezug zum lebensweltlichen Zusammenhang. Die Grenzen werden durch den formalen Kontext festgelegt und sichtbar, indem dort der Ausschnitt von Welt repräsentiert wird, der für eine Fragestellung von Interesse ist. Gefahren sind kaum vorhanden, da die Verfahren der Wissensverarbeitung transparent gemacht werden. Jedoch muss auch die Begrenzung der Sicht auf die Welt, die in einem Kontext passiert, deutlich herausgestellt werden.

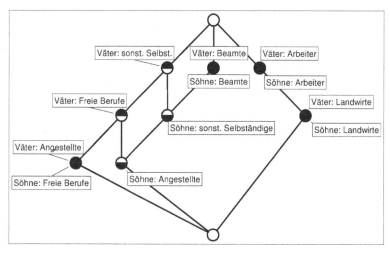

Abbildung 3.4: Liniendiagramm zum Begriffsverband des Kontexts mit dem Ergebnis einer Befragung zu Berufen von Vätern und Söhnen

Das Berufe-Beispiel begrenzt die Ansicht nur auf die grobe Einteilung der Berufe in sechs Berufsklassen. Dies grenzt Aussagen über den Erfolg und Verdienst in den Berufen völlig aus, es werden eben nur die Berufsgruppen betrachtet, die eine Übereinstimmung der beruflichen Ausrichtungen der Väter und Söhne anzeigt.

Im Entstehungsprozess von Liniendiagrammen sind intensive Auseinandersetzungen über die Inhalte nötig. Es muss festgelegt werden, was als Gegenstände im Zentrum steht, welche Gegenstände bedeutsam sind, welche Merkmale relevant werden und wie die Realsituation in der Datentabelle abzubilden ist. Es müssen Ziele gesetzt werden, die die Datentabelle und das Aussehen des Liniendiagramms mitbestimmen. Falls Skalierungen von mehrwertigen Merkmalen notwendig sind, müssen auch die adäquaten Skalierungsverfahren geklärt werden. Darin fließen Wertvorstellungen über das Konzept der Allgemeinen Mathematik aber auch über die Werte der Anwendungen mit ein.

Liniendiagramme erheben Geltungsansprüche in allen drei semantischen Weltbezügen - sie wollen mathematisch korrekt, logisch strukturiert und pragmatisch bedeutsam sein. Die offenen, nachvollziehbaren Verfahren ermöglichen die Auseinandersetzung darüber. Ganz deutlich fließen Wertvorstellungen ein ins Beispiel der Berufsgruppen, die für bestimmte Gesellschaftsschichten stehen.

Mit Blick auf das Kapitel 4 ist auch die Frage, was Kriterien für die Charakterisierung von „guten" Diagrammen sind, ein transdisziplinäres Anliegen, da die Diagramme mit dem Anspruch, sich eng an unser logisches und lebensweltliches Denken anzuknüpfen, als außerwissenschaftliche Problemorientierung gelten darf (vgl. [Bu04]).

3.3 Unterstützung menschlichen Denkens durch Liniendiagramme

Nach Peirce beschäftigt sich Logik mit der Repräsentation menschlichen Denkens. Diese Sichtweise passt gut zu der Beobachtung, dass das menschliche Denken weitgehend als „Formdenken" stattfindet. Wie sich das Denken in Grundformen im Menschen entwickelt, wurde von Seiler sorgfältig erforscht und beschrieben (vgl. [Se01]). Das passende Gegenstück zum Formdenken der Menschen bildet die Mathematisierung von Formen, sodass unser Denken durch mathematische Formalisierungen unterstützt werden kann.

Der Fokus der weiteren Ausführungen soll auf der Bedeutung der Liniendiagramme von Begriffsverbänden bei der Unterstützung des menschlichen Denkens liegen. Aber auch wenn Liniendiagramme von Begriffsverbänden sehr mit der Art und Weise, wie wir in Begriffshierarchien denken, verbunden ist, muss der Anwender einige grundlegende Informationen zum Lesen der Diagramme bekommen. Dieses Vorwissen ist aber begrenzt auf einige wenige Regeln – die Erfahrung zeigt, dass die in Liniendiagrammen enthaltenen semantischen Strukturen dem menschlichen Denken doch so sehr ähneln, dass die Diagramme auch von ungeübten Anwendern intuitiv und oftmals auf dem ersten Blick verstanden werden.

Liniendiagramme von Begriffsverbänden aktivieren immer auch Hintergrundwissen bei den Anwendern, was ihre intuitive Zugänglichkeit erklärt. Die Anwender sind nicht nur auf die Darstellung und Wahrnehmung des Liniendiagramms eingeschränkt, sondern bringen immer ein breiteres Verständnis der Situation mit, bewegen sich in einer ganzen Landschaft von Begriffen und Beziehungen zwischen ihnen, die sie in ihrer alltäglichen Arbeitswelt auch immer vor Augen haben.

Dieses implizite Wissen darf bei der Analyse der Verbindung zwischen mathematischer und logischer Perspektive auf Liniendiagramme nicht vergessen werden. Im Folgenden soll eine ganzheitliche Sicht auf Liniendiagramme eingenommen werden. Liniendiagramme unterstützen durch grafische Repräsentation die Aktivierung von impliziten Wissen und fördern die Kommunikation über die Sachsituation. Sie helfen dadurch mit, sich unbewusster Prozesse, die unser Denken und Handeln beeinflussen, beim Arbeiten mit Diagrammen klar zu werden.

Larkin und Simon beschreiben das Potential grafischer Darstellungen, Menschen beim Problemlösen effizient zu unterstützen, mit drei grundlegenden Handlungen (vgl. [LS87]):

- Suchen, d.h. wie schnell können wir bestimmte Information herausarbeiten,

- Erkennen, d.h. wie wirkungsvoll können Strukturen, Eigenschaften und Kennzeichen erkannt und mit früherem Wissen verknüpft werden,

- Folgern, d.h. wie gut können Schlüsse aus dem Wahrgenommenen gezogen werden.

Mit der guten Unterstützung dieser Handlungen durch Diagramme wird die Überlegenheit diagrammatischer und grafischer Darstellungen gegenüber formaler Sprache begründet,

Damit grafische Repräsentationen solche Handlungen erfolgreich unterstützen können, müssen nach Larkin und Simon zusätzlich drei Aspekte besonders berücksichtigt werden (vgl. [LS87]):

- Lokalisierung von grafischen Elementen,

- minimale Beschriftung der Diagramme und

- Einsatz von Verstärkern der Wahrnehmung.

Lokalisierung

Bei der Lokalisierung graphischer Elemente muss darauf geachtet werden, dass die dargestellten Objekte inhaltlich zusammengehörig gruppiert und angeordnet werden. In den Liniendiagrammen zu Begriffsverbänden werden Gegenstände und Merkmale zu Begriffen zusammengefasst und als kleine Kreise dargestellt. Über die Verbindung mit Linienelementen, die die zugrundeliegende Begriffsordnung wiedergeben, werden die einzelnen Begriffe im Diagramm strukturiert dargestellt. Mehrere über einen Streckenzug verbundene Begriffe bilden Ketten. Dies tritt typisch bei ordinalen Daten auf und zeigt die starke Zusammengehörigkeit der Begriffe an, da der oberste Begriff der Kette alle Gegenstände der anderen mit umfasst. Im Beispiel der Schulnoten von „sehr gut" bis „ausreichend" und der Zuordnung der Zahlenwerte 1 bis 4 wird dies anschaulich gemacht: zum Beispiel ist eine „gute" Leistung in dieser Interpretation allemal auch „befriedigend" und „ausreichend" (vgl. Abb. 3.5).

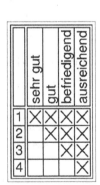 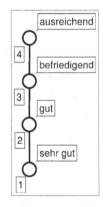

Abbildung 3.5: Kontext und Liniendiagramm zu Schulnoten

Durch den Einsatz von Parallelogrammen in der Darstellung der Begriffe werden Liniendiagramme übersichtlich und zu logischen Einheiten zusammengefasst. Trennende Merkmale lassen sich gut erkennen und zeigen auch an, in welchen gemeinsamen Ober- oder Unterbegriffen sich die Seiten des Parallelogramms wieder treffen.

Oftmals entstehen durch die Verwendung von Parallelogrammen in der Darstellung geometrische Figuren wie Würfelstrukturen, die auf eine besondere logische Struktur aufmerksam machen. Im Beispiel der Sehenswürdigkeiten von Rom und ihrer Bewertung in verschiedenen Reiseführern lassen sich gleich zwei solcher Würfelstrukturen erkennen. In den beiden Würfeln sind dann alle die Sehenswürdigkeiten angeordnet, die im Michelin-Reiseführer mindestens mit einem Sternen ausgezeichnet wurden (vgl. Abb. 3.6), da am obersten Begriffskreis der Würfelstrukturen das Merkmal „M*" steht. In diesem Beispiel lassen sich auch gut verschiedene Ebenen der Begriffe erkennen. So fasst die ganz oben liegende Reihe von Begriffen alle die Sehenswürdigkeiten zusammen, die jeweils nur ein einem der vier Reiseführer erwähnt und bewertet worden sind.

Minimale Beschriftung

Die Beschriftung in Diagrammen muss effektiv eingesetzt werden und gut lesbar platziert werden. Die Liniendiagramme erfüllen diese Forderung geradezu in vorbildlicher Weise, weil zusammen mit einer Leseregel eine sehr reduzierte Beschriftung verwendet wird. Es wird nicht an jedem Begriff der volle Umfang mit allen Gegenstandsnamen und der gesamte Inhalt mit allen Merkmalen aufgeführt, sondern ein Gegenstandsname wird nur an den kleinsten Begriff geschrieben, der diesen Gegenstand enthält, und ein Merkmalsname nur an den größten Begriff notiert, dessen Gegenstände dieses Merkmal haben.

Aus dieser Strukur ergibt sich die Leseregel, dass ein Begriff, dargestellt durch einen kleinen Kreis im Diagramm, zusätzlich zu seiner direkten Beschriftung auch alle Gegenstände umfasst, die durch einen absteigenden Streckenzug erreicht werden können, und durch alle Merkmale beschrieben wird, die über einen aufsteigenden Streckenzug erreicht werden.

Betrachtet man z. B. den Begriff mit der Beschriftung „Phocassäule" etwa in der Mitte des Diagramms in Abb. 3.6, dann sieht man, dass auch die Sehenswürdigkeiten „Tempel der Vesta", „Triumphbogen des Septimus Severus", „Titusbogen", „Tempel des Antonius und der Fausta" und „Tempel des Castor und Pollux" mit mindestens zwei Sternen von Michelin und einem Stern von Guides Bleus bewertet wurden. Um die Beschriftung gut zuordnen zu können, werden wenn nötig kleine Hilfslinien von der Beschriftung zum entsprechenden Kreis gezogen. Außerdem werden Merkmale immer oberhalb, Gegenstände immer unterhalb der Kreise platziert, um ein leichteres Ablesen zu ermöglichen.

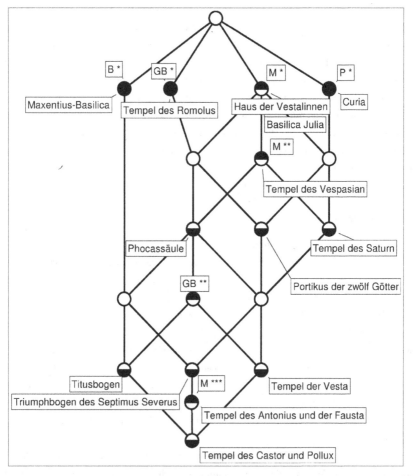

Abbildung 3.6: Liniendiagramm zu den Sehenswürdigkeiten von Rom mit Bewertungen durch Sterne in verschiedenen Reiseführern (B=Baedecker, GB=Les Guides Bleus, M=Michelin, P=Polyglott)

Wahrnehmungsverstärker

Durch den Einsatz von Wahrnehmungsverstärkern können wichtige Aspekte besonders hervorgehoben und damit besser wahrgenommen werden. In Liniendiagrammen werden die Kreise oftmals unterschiedlich gefüllt dargestellt, um den Blick schnell auf besondere Begriffe zu lenken: Es handelt sich um einen Merkmalsbegriff, wenn die obere Hälfte des Kreise gefüllt ist und einen Gegenstandsbegriff, wenn die untere Hälfte geschwärzt dargestellt wird. Ganz ausgefüllte Kreise signalisieren, dass der Begriff sowohl mit einem Gegenstands- als auch einem Merkmalsbegriff zusammenfällt, leere Kreise deuten an, dass dort Umfang bzw. Inhalt immer aus mehreren Gegenständen bzw. Merkmalen besteht.

Auch der Einsatz von Farbe zur Markierung besonders wichtiger Begriffe oder um die Wahrnehmung der verschiedenen Ebenen von Begriffen visuell zu unterstützen, wird als Verstärker der Wahrnehmung genutzt.

3.3.1 Liniendiagramme zur Unterstützung von Denkhandlungen

Abschließend soll entlang der Denkhandlungen, die in der Arbeit von R. Wille „Begriffliche Wissensverarbeitung: Theorie und Praxis" [Wi00a] ausgeführt sind, aufgezeigt werden, durch welche Funktionalität Liniendiagramme für die Unterstützung menschlichen Denkens hilfreich sind:

- Erkunden

- Suchen

- Erkennen

- Identifizieren

- Untersuchen

- Analysieren

- Bewusstmachen

- Entscheiden

- Restrukturieren

- Behalten

- Informieren

Aus diesen Funktionalitäten lassen sich auch Anforderungen bzgl. der Gestaltung an die eingesetzten Liniendiagramme ableiten. Die einleitenden Erklärungen der (Denk-)Handlungen sind jeweils dem Großen Wörterbuch der Deutschen Sprache entnommen (vgl. [Du93]).

Erkunden: „etwas erforschen, von dem man nur eine vage Vorstellung hat"

Ein klassisches Beispiel für solche Erkundungsprozesse ist die Literaturrecherche (vgl. [RW00]). Das Liniendiagramm lässt dabei zu, vielfältig zu suchen. Auf eine Suchanfrage hin erhält man nicht eine Ergebnisliste wie in klassischen Bibliotheksrecherche-Systemen, sondern ein Liniendiagramm, das die Suchergebnisse eingebettet in eine Umgebung von ähnlichen (allgemeineren, spezielleren) Büchern darstellt.

Diese Umgebung kann man wie eine Landschaft erkunden und auch auf Literaturhinweise stoßen, die bei einer Suchanfrage in klassischen Systemen nicht aufgetaucht wären, weil z.b. verwandte Merkmale als Suchbegriff nicht eingegeben wurden. Im Liniendiagramm hat man sofort die Möglichkeit, die reichhaltige Begriffsstruktur der Schlagwörter zu sehen. Auch die Verfeinerung einer Suche ist schnell und einfach möglich, indem man entlang der Streckenzügen verfolgen kann, welche Auswirkungen das Hinzufügen oder Weglassen eines Merkmals auf die Ergebnisliste hat. Damit dies so funktioniert, ist eine wesentliche Voraussetzung, dass die Datenfülle reduziert wird: formale Begriffe fassen ähnliche Bücher zusammen, eine Suchanfrage zeigt zunächst nur den Ausschnitt eines virtuellen Gesamtbegriffsverbands, in dem der Begriff mit den Merkmalen der Suchanfrage an höchster Stelle steht.

Suchen: „versuchen, etwas zu erlangen, das man gewissermaßen kennt, aber nicht verfügbar hat"

Ein großes Ziel in der Wissenskommunikation ist es, implizites Wissen aufzudecken. Meist wird nur ein kleiner Teil des Wissens explizit gemacht und in einem kommunikativen Austausch explizit gemacht. Vieles bleibt als Hintergrundwissen, persönliches unbewusstes Wissen in Kommunikationsprozessen verborgen. Solche Wissensschätze zu heben und verfügbar zu machen und durch geeignete Methoden, unvollständiges Wissen zu ergänzen, sind Anlässe für Suchhandlungen.

Liniendiagramme eröffnen die Möglichkeit, implizites Wissen aufzudecken, weil sie die

Kommunikation über ein Sachgebiet anregen, die wesentlichen Aspekte in einem Kontext zusammenfassen und über die vernetzte Darstellung schnell Auskunft über Zusammenhänge geben oder auch Lücken in der Datenbasis aufdecken. Liniendiagramme strukturieren die „Unübersichtlichkeit" des Wissens, um so die weitere zielgerichtete Suche beeinflussen zu können. Um lokal aus einem Diagramm das Maximum an Information herausholen zu können, ist auch eine Darstellung von Liniendiagrammen denkbar, in denen *alle* Kreise mit vollen Begriffsumfängen und -inhalten beschriftet sind. Dies spart den Aufwand, sich die zu einem Begriff gehörigen Gegenstände und Merkmale durch Suche entlang der ab- und aufsteigenden Streckenzüge zusammen zu lesen, was bei sehr großen Diagrammen mühsam werden kann. Allerdings geht dies nur auf Kosten der Übersichtlichkeit, da die ausführlichen Beschriftungen viel Platz einnehmen und so der Überblick verloren gehen kann und wichtige weitere Informationen verdeckt werden können.

Erkennen: „über etwas Klarheit gewinnen"

In dem Streben nach Klarheit wird die Stärke von Liniendiagrammen sehr einsichtig. Die inhaltlichen Zusammenhänge werden durch die Repräsentation als Begriffsordnung transparent dargestellt, es können Teilstrukturen herausgearbeitet und analysiert werden. Durch eine geeignete Stufung von großen Liniendiagrammen werden verschiedene Aspekte der Daten leicht kombinierbar gemacht und können übersichtlich dargestellt werden.

In einem Projekt mit einem Schweizer Einzelhandelsunternehmen wurde das Kaufverhalten von Kunden mit begriffsanalytischen Methoden verarbeitet und die Ergebnisse für zukünftige Markting-Aktivitäten verwendet. Anhand der Liniendiagramme, in denen zahlreiche Kundendaten wie Höhe der Ausgabe, besuchte Abteilungen, Art und Menge der gekauften Artikel dargestellt wurden, konnten die Marketingverantwortlichen neue Einblicke in das Kaufverhalten gewinnen und diese Erkenntnisse in personalisiertes Marketing einfließen lassen (vgl. [HSWW00], [Her00]).

Identifizieren: „für einen Gegenstand den taxonomischen Ort in einer gegebenen Klassifikation bestimmen"

Liniendiagramme eignen sich sehr gut, das Identifizieren von Objekten in Taxonomien zu unterstützen. Beispiele finden sich in allen Wissenschaften, in der Biologie wird Flora und Fauna in komplexen Taxonomien bestimmt, die Chemie will molekulare Strukturen einordnen und Kristallstrukturen klassifizieren. Auch das Beispiel zur Bestimmung des Symmetrietyps von Flächenornamenten zeigt, wie ein Flächenmuster auf Grundlage der Identifikation verschiedener Symmetrie-Eigenschaften als ein spezieller Symmetrietyp bestimmt werden kann (vgl. Abb. 3.7 und [Wi87]).

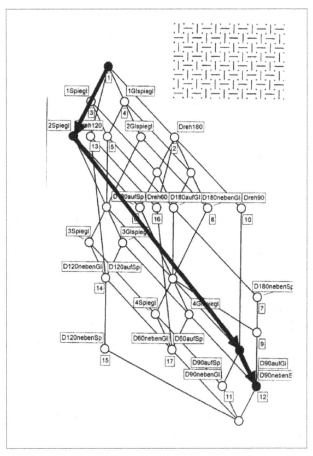

Abbildung 3.7: Liniendiagramm zur Bestimmung des Symmetrietyps von Flächenornamenten

Das Liniendiagramm basiert auf einer Einteilung von Flächenornamenten mit 25 möglichen Symmetrie-Eigenschaften in 17 Symmetrietypen, wie sie auch von Kristallographen zur Bestimmung genutzt wird. Ausgehend von dem obersten Kreis, der alle möglichen 17 Symmetrietypen umfasst, lassen sich in dem ausgewählten Flächenmuster (in Abb. 3.7 oben rechts) schnell die zwei Spiegelsymmetrien entlang der nichtparallelen Strichachsen erkennen. Dies führt im Diagramm entlang des schwarzen Pfeils zur ersten Einschränkung auf die Symmetrietypen 6, 9, 11, 12, 14, 15 und 17. Nun müssen weitere Symmetrie-Eigenschaften bestimmt werden: eine Drehung um 90° kann als weitere Symmetrie gefunden werden, was entlang des markierten Streckenzugs im Liniendiagramm nun zum Begriff führt, der nur noch die Symmetrietypen 11 und 12 umfasst. Durch Überprüfen der zur Wahl stehenden verbleibenden Symmetrien in diesen beiden Symmetrietypen wird das Beispielmuster abschließend als Symmetrietyp 12 mit den Eigenschaften „2 Gleitspiegelungen an nicht parallelen Achsen" und „Drehung um 90° mit Fixpunkten neben den Spiegelachsen" identifiziert.

Untersuchen: „systematisch versuchen, etwas in seiner Beschaffenheit, Zusammensetzung, Auswirkung u.ä. genau zu verstehen"

Die Aufgabe der Liniendiagramme besteht darin, komplexe Sachverhalte durch Verdichtung auf Begriffe und der anschließenden Darstellung der Oberbegriff-Unterbegriff-Ordnung überschaubar zu machen. Das Liniendiagramm unterstützt dabei, Beziehungen zwischen Daten zu untersuchen und so auch Forschungsfragen voran zu bringen.

Analysieren: „Gegebenheiten bezüglich erklärter Zwecke theoriegeleitet zu untersuchen"

Für eine theoriegeleitete Analyse muss der Bezug zur Anwendungssituation trotz Theorie-Einsatz immer gewahrt bleiben. Die Beschriftung der Begriffskreise im Liniendiagramm mit Gegenstands- und Merkmalsnamen übernimmt genau diese Brückenfunktion zwischen der theoretisch gestützten Strukturanalyse und dem inhaltlichen Bezug zu den Ausgangsdaten. Das Ziel ist also, aus den Darstellungen der Daten in Liniendiagrammen Strukturen abzulesen, die eine inhaltliche Differenzierung ermöglichen. Grundvoraussetzung ist eine gute, aussagekräftige Beschriftung der Liniendiagramme. Schon die Verwendung von Abkürzungen oder eines Verweissystems stört das Zusammenspiel von Strukturdiagramm und Inhaltsanalyse.

Verstärkt werden kann die Analysekraft durch die konsequente grafische Gestaltung des Diagramms. So empfiehlt es sich bei Unterschieden im Wesen der Begriffe auch verschiedenartige grafische Umsetzungen zu verwenden. Ein Begriff mit leerem Umfang, ein Begriff also, der nicht durch konkrete Gegenstände realisiert wird, kann durch einen kleineren Kreis im Diagramm dargestellt werden, um den Fokus auf die realen Objekte zu wenden, ohne jedoch die strukturrelevante Informationen über logische Zusammenhänge auszublenden (vgl. Diagramme zur Begrifflichen Erkundung semantischer Strukturen von Sprechaktverben [GH99]).

Bewusstmachen: „etwas ins Bewusstsein bringen"

Ein sehr eindrucksvolles Beispiel für das Bewusstmachen ist Spangenbergs Untersuchung am Zentrum für psychosomatische Medizin der Universität Gießen [Sp90]. In dem Projekt wurden Repertory Grid Tests in Begriffsverbänden ausgewertet und in der Therapie von essgestörten Personen eingesetzt. Über den Repertory Grid Test werden Personen aus dem Umfeld der Patientinnen mit selbstgewählten Eigenschaftswörtern charakterisiert. Die Patientinnen sollten sich ihrer Beziehung zu Personen in ihrer Umgebung bewusst werden, aber auch sich selbst bewusster wahrnehmen und bestimmte Sichtweisen klarer sehen.

Die in der Therapie eingesetzten Liniendiagramme (ein Beispiel ist in Abb. 3.8 zu sehen) machten sehr gut transparent, welche Personen welche Rolle für die Patientinnen spielen. Mit der Darstellung von gemeinsamen und trennenden Eigenschaften und Charakterzügen der Personen konnte die eigene Position bewusst gemacht werden. Hilfreich war, das eigene Ideal, das neben den Bezugspersonen auch ein Gegenstand war, farblich zu markieren und die Veränderung der Position in einer zeitlichen Reihe von Liniendiagrammen zu beobachten.

Am Liniendiagramm lässt sich erkennen, dass die Patientin den Personen „Mutter" und „Vater" die negative Eigenschaften „oberflächlich" und „leicht beleidigt" zuschreibt, aber nicht sich selbst oder dem eigenen Ideal. Im Zusammenhang mit der Charakterisierung der engeren Familie als „ängstlich", „schwierig" und „verschlossen" macht dies der Patientin deutlich, welche Konfliktlinien in der Familie vorliegen. Der Therapeut bekommt mit Liniendiagrammen ein sehr nützliches Hilfsmittel, um Familienbeziehungen mit seinen Klientinnen zu kommunizieren und neue Wege für die Therapie zu entwickeln.

Durch die farbliche Gestaltung von einzelnen Begriffen oder auch Diagrammteilen können bestimmte Aspekte und Situationen in Liniendiagrammen hervorgehoben und damit ihre Stellung und Bedeutung bewusst werden. Auch eine gezielte Gruppierung und besondere Anordnung der Begriffskreise im Liniendiagramm betont Kontraste oder Gemeinsamkeiten und kann Anlass zu weiteren Bewusstmachungen sein.

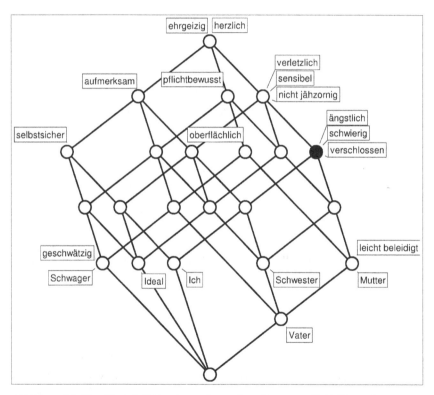

Abbildung 3.8: Begriffsanalytische Auswertung eines Repertory Grid Tests einer essgestörten Patientin

Entscheiden: „sich entschließen, unter Alternativen eine Wahl zu treffen"

Liniendiagramme bei der Entscheidungsfindung einzusetzen erscheint auf den ersten Blick ungewöhnlich, ist jedoch durch die Offenlegung verschiedener Optionen im Sinne verschiedener Begriffe und Ordnungsrelationen im Diagramm naheliegend. Im Beispiel der Gewässer (Abb. 3.2) wird die Entscheidung, ob eine Landschaftsfläche als Schutzgebiet ausgewiesen wird u. a. danach fallen, wie viele natürliche Gewässer vorkommen.

In einem Gewässerprojekt mit dem National Research Institute in Burlington (Ontario, Kanada) wurden Güteklassen der kanadischen Küstengewässer des Ontariosees dargestellt. Anhand des Liniendiagramms kann entschieden werden, an welchen Gewässern z. B. das Baden verboten werden sollte, falls bestimmte Verunreinigungen oder Erreger als Merkmalsausprägungen auftreten.

Im Diagramm in Abb. 3.9 kann die Wasserverschmutzung anhand von Indikatoren, wie dem Auftreten gefährlicher Bakterienarten oder Giftstoffbelastungen, abgelesen werden. Für die Entscheidung ein Badeverbot auszusprechen wurden fünf Schwellenwerte festgelegt. Das Diagramm zeigt außerdem zwei Grenzlinien für „stark verschmutzt" und „sehr stark verschmutzt", bei deren Übertretung die Behörden einschritten.

Für die Behörden in Kanada wurde auch eine Variante des Diagrammes entwickelt, in dem markante Indikatoren für die Gewässergüte durch eine Farbskala anzeigen, welche Merkmale für sauberes und welche für schlechtes Wasser standen (vgl. [StW92]).

Restrukturieren: „etwas durch bestimmte Maßnahmen strukturell neu gestalten"

Die Struktur des Liniendiagramms deckt schnell Ausreißer, Einzelfälle und Besonderheiten in Daten auf, indem bestimmte Symmetrien gestört sind oder Begriffe singuläre Positionen einnehmen. Beim Bestreben, die Elemente des Liniendiagramms möglichst überschneidungsfrei darzustellen, treten immer wieder Schwierigkeiten auf. Hier kann es sich lohnen, die problematischen Stellen und Linien genauer zu analysieren, weil solche Darstellungsprobleme häufig durch fehlerhafte oder fragwürdige Daten hervor gerufen werden. So kann die Restrukturierung der Ausgangsdaten unterstützt werden und das Diagramm gezielt zur Überarbeitung der Datenstruktur eingesetzt werden.

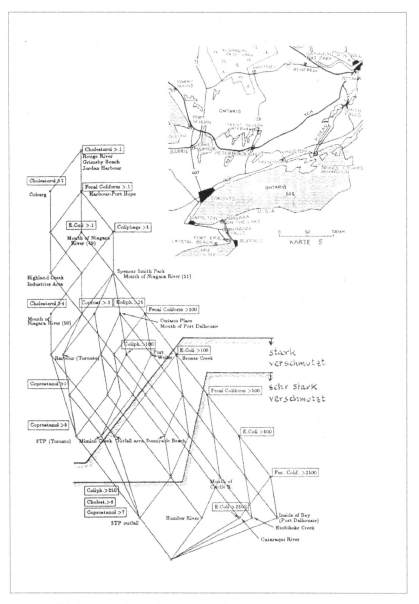

Abbildung 3.9: Liniendiagramm zur Gewässergüte des Ontariosees

Behalten: „etwas Erfahrenes und Gelerntes bewahren, um es künftig wieder aktivieren zu können"

Ein wichtiger Grund für die Darstellung von Daten in Liniendiagrammen ist auch, dass sich die Zusammenhänge der Daten in Form eines Bildes besser einprägen und behalten lassen, als wenn dieselben Informationen durch Datentabellen wiedergegeben werden. Der Leser von Liniendiagrammen kann die auftretenden Formen umso besser behalten, je einfacher, klarer und aussagekräftiger die verwendeten Strukturen und Darstellungen sind. Durch geschickte Anordnung der Begriffe und Linien entstehen geometrische Muster und Symmetrien, die gut einprägsam sind (vgl. die Würfelstrukturen in Abb. 3.6).

Informieren: „jemanden über etwas Auskunft geben"

Da Liniendiagramme verwendet werden, um Wissen zu kommunizieren, ist es natürlich auch möglich, Informationen mittels Diagrammen weiter zu geben. Jedoch ist die Menge an Informationen oft so groß, dass die Liniendiagramme schnell unübersichtlich und schwer lesbar werden. Dadurch läuft man Gefahr, dass die erwünschte Informationsübertragung nicht stattfindet, weil der Rezipient nicht alle Informationen aus dem Diagramm auslesen kann.

Eine gute Lösung für sehr große Datensätze bietet die Darstellungsmethode der gestuften Liniendiagramme, wie sie in Abschnitt 4.5.2 vorgeführt wird. Die Verwaltung der großen Datensätze und das Darstellen der gestuften Diagramme wird von der Software TOSCANAJ unterstützt (vgl. Abschnitt 4.3).

Für ein umfassendes und komplexes Informieren ist es gut, Liniendiagramme mit anderen Darstellungsmitteln wie z. B. Karten zu verknüpfen und so mehr Klarheit und Übersichtlichkeit zu erzeugen. Näher ausgeführt wird dies in den Abschnitten 2.6.4 und 5.5.5 am Beispiel der Informationskarten.

4 Gestaltung von Liniendiagrammen

„Graphical elegance is often found in simplicity
of design and complexity of data."

EDWARD TUFTE [TU83, S. 177]

Eine gute grafische und strukturelle Gestaltung von Liniendiagrammen ist eine herausfordernde Aufgabe auch für Experten in der Formalen Begriffsanalyse. Einleitend werden in diesem Kapitel Liniendiagramme als formgebendes Element in der Datenanalyse erläutert. Vor dem Hintergrund der Semiotik, die Diagramme als besondere Zeichen herausstellt, und der Rhetorik, in der begründet wird, warum Diagramme aussagekräftige Darstellungen sind, werden dann einige Hinweise zur Gestaltung von Liniendiagrammen vorgestellt. Anhand der Aufgaben und Zwecke von Liniendiagrammen, der Stärke und Bedeutung von Bildern und Diagrammen für Kommunikationsprozesse allgemein, werden Anforderungen an „gute" Liniendiagramme zur Wissenskommunikation formuliert. Weiter werden strukturelle, anwenderzentrierte und sachbezogene Kriterien entwickelt, an denen sich die Gestaltung von Liniendiagrammen bewähren muss.

4.1 Formgebung durch Liniendiagramme

Wie schon in Kapitel 1 ausgeführt, haben Daten und Informationen in unserer Welt eine große Bedeutung, denn sie dienen insbesondere als Grundlage für wichtige Entscheidungen in Politik und Wirtschaft. In Daten codiertes Wissen und der alltägliche Umgang mit dem Internet wäre ohne Datenverarbeitung und Datenbanken undenkbar. Als zentrale Schnittstelle zwischen Welt und den Wissenschaften, die sich mit der weiteren Be- und Verarbeitung von Daten beschäftigen, steht die Datentabelle. In ihr lassen sich Daten beliebiger Art darstellen und speichern.

Liegen die Daten in einer Datentabelle vor, sollen mit Hilfe verschiedenen Verfahren die Datentabellen wieder „zum Sprechen gebracht werden" – und zwar nicht, indem man jedes einzelne Datum aus der Tabelle ausliest, sondern möglichst in einer Art und Weise, die Zusammenhänge und Strukturen der Daten erkennen lässt.

Neben Datenverarbeitungsmethoden die vorwiegend aus dem Gebiet der Statistik stammen und meistens dazu dienen sollen, Daten und Ausprägungen von Messgrößen durch bestimmte Verfahren zu reduzieren und zu komprimieren, bietet die mathematische Methode der Formalen Begriffsanalyse eine Möglichkeit, Daten zu analysieren, die die reichhaltigen Datenstrukturen entfaltet und versteckte Zusammenhänge transparent werden lässt.

Dabei bedient sich die Formale Begriffsanalyse der Denkmuster, die uns von der Alltagssprache her gut vertraut sind: In unserer Sprache verwenden wir Begriffe, die bestimmte Merkmale von Gegenständen beschreiben. Sehr natürlich verwenden wir dabei Begriffe in einer hierarchischen Form, d.h. es macht uns keine Mühe, bestimmte Begriffe als Unterbegriffe unter andere Begriffe einzuordnen, oder auf Nachfrage hin einen (Ober)Begriff zu verfeinern, indem wir ihm untergeordnete Begriffe anführen.

Solche Anordnungen in Begriffshierarchien sind aber auch aus anderen Bereichen heraus vertraut, z.B. in Form von Organigrammen von Leitungs- und Führungsstrukturen. Letzere werden oft auch grafisch vermittelt: Oberbegriffe und hierarchie-mäßig höher stehende Elemente werden in der Darstellung weiter oben als die untergeordneten gezeichnet; Verbindungslinien deuten die Abstufungen und Beziehungen (z. B. Vorgesetzter – Untergebener) an.

Genau solche grafischen Darstellungen setzt die Formale Begriffsanalyse ein, um Daten darzustellen und zu analysieren. Aus den Daten werden sog. formale Begriffe, indem man alle jeweils größtmögliche Einheiten aller Gegenstände, die bestimmte Merkmale gemeinsam haben und allen ihnen gemeinsamen Merkmalen aus der Datentabelle ausliest. Anschließend können diese Begriffe in einer Oberbegriff-Unterbegriff-Hierarchie mit Hilfe eines Liniendiagramms dargestellt werden. Der dtv-Atlas nennt unter dem Stichwort „Ordnungsdiagramm (HASSE-Diagramm)" wichtige Regeln für die Darstellung und das Lesen:

„Ordnungsstrukturen endlicher Mengen lassen sich in einfachen Fällen recht übersichtlich in sog. Ordnungsdiagrammen *(HASSE-Diagrammen) darstellen. Jedem Element der Menge wird ein Punkt der Zeichenebene zugeordnet mit der Vereinbarung, b oberhalb von a zu zeichnen und mit a zu verbinden, wenn a $\sqsubset$ b bzw. a $\sqsubseteq$ b gilt. Durch die zusätzliche Vereinbarung, daß b nicht mehr*

mit a verbunden wird, wenn b über andere Punkte mit a verbunden ist (Tran-
sitivität), wird die Fülle der Linien reduziert." [dtv-Atlas, S. 43]

Das Liniendiagramm im Beispiel 4.1 zeigt mit der Darstellung von Dur- und Molldrei-
klängen und den in ihnen vorkommenden Tönen ein solches Ordnungsdiagramm, wie es
in der Formalen Begriffsanalyse zum Einsatz kommt. Besonders betont werden muss, dass
in den Liniendiagrammen der Formalen Begriffsanalyse neben der im dtv-Atlas beschriebenen Elemente auch Beschriftungen der kleinen Kreise im Diagramm vorkommen. Diese
Beschriftung bringt die Verbindung zum begrifflichen Denken und hilft beim Verständnis
der Liniendiagramme.

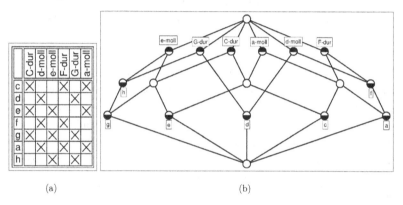

(a)   (b)

Abbildung 4.1: Datentabelle und Liniendiagramm der Dur- und Molldreiklänge in der
C-Dur-Diatonik

Allein in der Datentabelle wären die Begriffe als Denkeinheiten nicht deutlich erkennbar gewesen, ganz abgesehen von der inneren Ordnung dieser Denkeinheiten mit der
Oberbegriff-Unterbegriff-Relation, die erst die Zusammenhänge und Strukturen der Daten
sichtbar werden lässt. Einige neue Aspekte wären auch durch Manipulation der Datentabelle entdeckt worden (vgl. Beispiel in Abschnitt 5.4.1), aber bei weitem nicht so übersichtlich und in einer Form, wie dies in Diagrammen erreicht wird. Erst die Darstellung
der Daten und ihrer Struktur in einem Liniendiagramm erschließt die Fülle der Information, die in den Daten verborgen ist. So ist im Beispiel der Dur- und Molldreiklänge auch
vielen Musikern die besondere Rolle des Tones d nicht in der Form bewusst, wie sie im

Diagramm ganz offenkundig wird. Der Begriff mit der Beschriftung d steht im Zentrum des Diagramms und nimmt im Vergleich zu den anderen Tönen ein herausragende Position ein. Ein Blick auf die weiße Klaviatur zeigt aber, dass der Ton d als einziger eine symmetrische Lage in Bezug auf die Verteilung von Ganz- und Halbtonschritten inne hat, was seine Stellung im Diagramm erklärt.

Die Formale Begriffsanalyse bereichert also unseren Blick auf die Daten, keine Information geht beim Übergang von der Datentabelle zum Liniendiagramm verloren. Im Gegenteil – es werden neue Einsichten in die Struktur gewonnen.

Damit wird das Liniendiagramm, als Darstellung der zugrundeliegenden mathematischen Struktur eines Begriffsverbandes, seiner Wortbedeutung gerecht: Im Duden wird „Diagramm" als „graphische Darstellung von Größenverhältnissen bzw. Zahlenwerten in anschaulicher, leicht überblickbarer Form" [Du93, beim Stichwort „Diagramm"] beschrieben. Das Wort „Diagramm" leitet sich aus dem Griechischen ab und bedeutet „Umriss" und „geometrische Figur". Schon diese ursprüngliche Wortbedeutung legt die wesentlichen Aspekte eines Diagramms fest: Ein Diagramm ist eine geometrische Darstellung. Es bietet einen „Umriss" von etwas an, im dem Sinne, dass nicht alle Details beschrieben werden, sondern der Sachverhalt in einem aggregiertem Zustand angeboten wird. Das Diagramm bringt die ursprünglichen Daten in eine neue *Form*.

Ordnungsdiagramme, wie sie heute zur Darstellung von Begriffsverbänden eingesetzt werden, wurden erst durch den effektiven Einsatz solcher Liniendiagramme durch Hasse verbreitet:

> „Apparently the earliest lattice theorists such as R. Dedekind did not use
> diagramms to represent lattices. They began to be used in the 1930's but more
> as a tool for discovering new results; they rarly appeared in the literature."
> [Fr04]

Aber auch der zunehmende Einsatz von Diagrammen führte weder damals noch heute zu vermehrter Beachtung der Gestaltungsfragen; zwar gibt es sehr unterschiedliche Aktivitäten rund um Diagramme, wie im kommenden Abschnitt näher ausgeführt wird, jedoch bleibt mit Rival immer noch festzuhalten:

> „It is a recurrent irony in our subject that the pictorial scheme in most com-
> mon usage – the "diagram" – is the least studied, although it is the least
> understood." [Riv84]

Und auch wenn Rival begonnen hat, erste Schritte zu Beschreibung von guten Diagrammen zu formulieren (vgl. [Riv84, S. 125f]), bleibt es eine interessante offene Forschungsfrage, der sich dieses Kapitel widmen möchte.

Durch die Formgebung bzw. Formalisierung eines Vorgangs will man erreichen, dass dieser überschaubarer, für alle Beteiligten leichter erfassbar und auch kommunizierbar wird. Dabei werden von allen Beteiligten Kenntnisse über die der Formalisierung zugrundeliegenden Sprache, in diesem Fall die Fähigkeiten zum Lesen von Datentabellen und ihrer zugehörigen Liniendiagramme, erwartet.

Auch wenn schon bei der Erstellung von Diagrammen auf bestimmte Lesegewohnheiten, wie das Lesen von links nach rechts und von oben nach unten geachtet wurde, sind eben solche *Leseregeln* wie oben aus dem dtv-Atlas zitiert unumgänglich, um die in Diagrammen dargestellte Information überhaupt in ihrer vollen Breite erfassen zu können. Dass nicht nur die Erfassung von Daten in Tabellen gut zu unseren Lesegewohnheiten und Denkmustern passt, sondern auch die Darstellung in Ordnungsdiagrammen unser Denken gut unterstützt, soll im Folgenden noch weiter ausgeführt werden.

Durch die Darstellung der Daten(tabellen) und ihrer strukturellen Eigenschaften in Diagrammen werden neue *Denkobjekte* erzeugt, die es erst ermöglichen neue Erkenntnisse zu gewinnen. In Begriffen werden verschiedene Daten als Denkeinheiten aus Gegenständen und korrespondierenden Merkmalen zusammengefasst. Erst dadurch erhalten die Daten ihre Ordnungsstruktur, lässt sich im weiteren eine Hierarchie der Begriffe untersuchen.

Was anfangs doch eher nur eine Ansammlung von Zeichen war – die Datentabelle, erfährt durch die neue Darstellung im Ordnungsdiagramm eine zusätzliche Qualität: Die Daten werden in der Weiterverarbeitung, Strukturierung und Visualisierung zur „Materialisierung des Abstrakten" [Fi00]. Die Ordnungsdiagramme ermuntern zum Argumentieren und Arbeiten mit den Begriffen und ihrer Hierarchie, wir können Zusammenhänge in Form von Begriffen als Einheiten aus Gegenständen und Merkmalen und der Beschriftungen im Diagramm wirklich sehen, die Verbindungslinien lassen die Ordnungsstruktur greifbar werden.

Trotz dieser Kraft der Ordnungsdiagramme muss man sich auch bewusst sein, dass das Lesen solcher Diagramme eine gewisse Schulung braucht. Einige Leseregeln wurden schon genannt, andere sind z.B. bei Ganter und Wille (vgl. [GW96]) aufgeführt. Jedes Lesen, also auch das „Lesen" von Diagrammen ist ein Lern- und Konstruktionsprozess, der auch ganz entscheidend von dem Vorwissen der einzelnen Personen abhängt. Somit gibt es unterschiedliche Arbeits- und Leseweisen in den verschiedenen Fachkulturen wie in Abschnitt 3.2 vorgestellt. Für die Gestaltung von Liniendiagrammen ist es wichtig, diese unterschiedlichen Sichtweisen auf Diagramme im Blick zu haben und Liniendiagramme für spezielle Einsatzgebiete zu erstellen.

4.2 Semiotik als Hintergrund

Um die Wirkung von Liniendiagrammen als Kommunikationsmittel besser zu verstehen, lohnt es sich mit Semiotik und Rhetorik auseinander zu setzen. Semiotik kann erklären, wie Diagramme als Zeichen wahrgenommen und verarbeitet werden. Daraus lassen sich in der Folge wichtige Hinweise für die Gestaltung von Diagrammen ableiten.

Die Semiotik ist die „Wissenschaft von den Zeichen" und beschäftigt sich mit der grundlegenden Bedeutung von Zeichen für Kognition, Kommunikation und kulturelle Bedeutungen, wie die Deutsche Gesellschaft für Semiotik in ihrer Selbstdarstellung schreibt (vgl. [Hof03, S. 9]).

Die triadische Zeichentheorie von Peirce unterscheidet das *Zeichen* vom *Bezeichneten* (Representamen) und dem *Interpretant.*

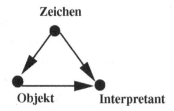

Abbildung 4.2: triadisches Zeichenverständnis

Das Objekt ist der durch das Zeichen bezeichnete Gegenstand, z. B. ein konkretes Gebäude, das durch das Zeichen „Haus" benannt wird. Der Interpretant beschreibt den Vorgang des Verbindens von Zeichen mit Bezeichnetem. Es steht für das, was sich im Gehirn ändert, wenn man ein Zeichen sieht und dieses interpretiert, aber nicht für die Person selbst, sondern nur den Vorgang des Erkennens und Verstehens an sich.

Denken und Verstehen ist ohne Zeichen nicht möglich: Wir brauchen die Möglichkeit, Gedanken mit Zeichen Gestalt zu geben, und diese mittels Zeichen in Kommunikationsprozessen mit Bedeutung zu füllen. Etwas „verstehen" bedeutet, es repräsentieren zu können, also in Zeichen ausdrücken zu können (vgl. [Pe33, Abschnitt 127]).

Peirce sieht auch Diagramme als Zeichen und schreibt ihnen sogar eine besondere Bedeutung zu, da sie „es erlauben, komplexe Sachverhalte im Blick auf ihre Struktur darzustellen" [Hof03, S. 10]. Um dies besser zu begründen, muss man Peirces dreifachen Zeichenaspekt verstehen. Die Aspekte *Ikon, Index* oder *Symbol* treten bei allen Zeichen auf, jedoch in unterschiedlicher Ausprägung. Mit dieser Differenzierung nutzt Peirce auch wieder eine Trichotomie, die bei der Erklärung der Zeichenaspekte mit erläutert werden soll.

Ikon

Der ikonische Aspekt wird Zeichen zugeschrieben, die zum bezeichneten Objekt eine große Ähnlichkeit aufweisen. Typische Ikons sind Bilder, die möglichst genau das abbilden, was bezeichnet werden soll, die eine Analogie zwischen dem Objekt und dem Zeichen herstellen. Als Ikon berühmt wurden z. B. die Piktogramme für die Olympischen Spiele 1972 von Gerhard Joksch: In diesen kleinen stilisierten Bildern wurden die olympischen Disziplinen abgebildet und auf Hinweistafeln oder als Wegweiser zu den Sportstätten verwendet. Im idealen Ikon gibt es zwischen Zeichen und Bezeichnetem keinen erkennbaren Unterschied. In dieser Unmittelbarkeit trifft auf das Ikon die Definition der *Erstheit* bei Peirce zu.

> „Erstheit ist das, was so ist, wie es eindeutig und ohne Beziehung auf irgend etwas ist." [Pe93, S. 55]

Ein Ikon ist ein Zeichen, dessen zeichenkonstitutive Beschaffenheit eine Erstheit ist, das heißt, dass es unabhängig davon ist, ob es in einer existentiellen Beziehung zu seinem Objekt steht, das durchaus nicht existieren kann. Das Ikon-Zeichen steht ganz unvermittelt und direkt für das Bezeichnete.

Index

Als Index bezeichnet Peirce Zeichen, deren Verweis auf ein konkretes Objekt oder Relationen festgelegt und in dieser Kombination untrennbar mit ihm verbunden ist. Physikalisch erfahrbare Zeichen wie z. B. Rauch als Zeichen für Feuer, oder eine Windhose als Windanzeiger sind für Peirce typische Index-Zeichen. Darin macht sich die *Zweitheit* des Index-Aspektes bemerkbar: Ein Erstes, das Zeichen, verweist auf etwas anderes, ein Zweites, das Bezeichnete:

> „Zweitheit ist das, was so ist, wie es ist, weil eine zweite Entität so ist, wie sie ist, ohne Beziehung auf etwas Drittes." [Pe93, S. 55]

Ein Index ist also ein Zeichen, dessen zeichenkonstitutive Beschaffenheit in einer Zweitheit oder einer existentiellen Relation zu seinem Objekt liegt. Ein Index erfordert deshalb, dass sein Objekt und es selbst individuelle Existenz besitzen.

Symbol

Mit dem symbolischen Zeichen-Aspekt lassen sich auch abstrakte Ideen vermitteln. Die Zeichen mit Symbol-Charakter entspringen nicht mehr unserer direkten Welterfahrung, sondern ihre Bedeutung muss erklärt und erlernt werden. Schriftsprache ist hochgradig symbolisch, da die Buchstaben für sich keinen Bezug zum Bezeichneten erkennen lassen. Erst mit dem Spracherwerb und Lesefähigkeiten, können Buchstabenzeichen als Zeichen für Objekte interpretiert werden. Für die von Peirce beschriebene *Drittheit* ist es charakteristisch, dass Bedeutung über die Interpretation von Zeichen vermittelt wird.

> „Drittheit ist das, dessen Sein darin besteht, daß es eine Zweitheit hervorbringt. Es gibt keine Viertheit, die nicht bloß aus Drittheit bestehen würde."
> [Pe93, S. 55]

Ein Symbol ist ein Zeichen, dessen zeichenkonstitutive Beschaffenheit ausschließlich in der Tatsache besteht, dass es in der Form interpretiert wird, die ihm zugeschrieben wurde.

Diagramme

In jedem Zeichen stecken diese drei Aspekte, jedoch gibt es bestimmte Zeichen, die nahezu in Reinform für einen Aspekt alleine stehen. Diagramme sind nach Peirce ikonische Repräsentationen und sollten so „ikonisch" wie möglich gestaltet sein.

> „Diagrams ought to be as iconic as possible." [Pe33, Abschnitt 333]

Dual gilt bei Peirce: Je stärker ein Zeichen ikonischen Charakter hat, desto eher stellt es ein Diagramm dar. Damit soll zum Ausdruck kommen, dass es ein gutes Diagramm beim Betrachten erlaubt, ganz im Diagramm zu bleiben, nichts anderes noch hinzuzufügen, sondern das Diagramm als Zeichen im Ganzen wahrzunehmen. Das Liniendiagramm ist als Darstellung von Begriffshierarchien Abbild unserer Denkstrukturen.

Liniendiagramme verweisen aber auch auf die mathematische Struktur des Begriffsverbands, ihre Beschriftung auf Realsituation mit Gegenständen und ihren Merkmalen. Damit steckt auch in Liniendiagrammen der Index-Aspekt. Die symbolische Ebene kommt in Liniendiagrammen schon durch die Verwendung von grafischen Gestaltungsmitteln zum Ausdruck: Die Beschriftung mit Alltagssprache ist für die Bedeutsamkeit der Linindiagramme unerläßlich, um sie zu verstehen, wird die Kenntnis der Symbolbedeutungen von Sprache vorausgestzt. Aber auch die Darstellung der Oberbegriff-Unterbegriff-Ordnung als Streckenverläufe von oben nach unten im Diagramm sind nicht unmittelbar verständlich, sondern brauchen eine didaktische Vermittlung und etwas Übung im Lesen solcher Liniendiagramme.

Peirce versteht die grafische Darstellung von Diagrammen auch nur als Repräsentationen von abstrakten Strukturen. Die Liniendiagramme sind nach Peirce also Darstellungen von definierten formalen Strukturen, deren Gestalt auf dem Papier aber nicht festgelegt ist, ja sogar ganz verschiedene Gestalt annehmen kann. Dass diese grafischen Darstellungen meist nicht mathematisiert werden, sieht Shin, die sich eingehend mit Graphen und Diagrammen bei Peirce auseinander gesetzt hat, als Problem an, weil so die Gefahr besteht, dass beliebige Repräsentationen eingesetzt werden, die dem Verständnis der dargestellten Sachverhalte nicht dienlich sind (vgl. [Sh02]). Besser ist es, auch die grafische Repräsentation mathematisch zu erfassen und zu formalisieren, wie dies in Abschnitt 2.4 für beschriftete Liniendiagramme gezeigt wurde, um die Korrektheit der Darstellungen zu überprüfen und Regeln für die Angemessenheit der Repräsentationen zu entwerfen.

4.3 Rhetorische Strukturen

Damit die bei der Datenanalyse eingesetzten Liniendiagramme auch ihr Ziel, die Wissenskommunikation zu unterstützen, erreichen, müssen sie „gut" gezeichnet werden, d. h. so, dass sie die Daten ohne viel Hintergrundwissen über Mathematik wirklich zum Sprechen bringen. Verschiedene Arten von Beschreibungen von Liniendiagrammen liefern die mathematische Struktur, die logische Struktur sowie die rhetorische Struktur.

mathematische Struktur	logische Struktur	rhetorische Struktur
mengentheoretische Formulierung, Mengensemantik	Anbindung an Alltagssprache und Vorstellungswelt	implizites Wissen und sonstige Gestaltungsmittel
formaler Kontext	Kontext, Tabelle	Formgebung
formaler Begriff	Begriff	Denkeinheit
Inzidenzrelation	Beziehung zwischen Gegenständen und Merkmalen	Zusammenhang
Ordnung	Begriffshierarchie	Diagramme

Die mathematischen und logischen Strukturen wurden in Kapitel 2 und Kapitel 3 ausführlich behandelt. Unter rhetorischen Strukturen werden alle Regeln zur zweckgebundenen Darstellung von Daten verstanden, um zu Überzeugen und zu Visualisieren, zur Manipulation von Diagrammen und alle sonstigen Gestaltungsmittel und Regeln, die noch nicht formalisiert und evtl. auch nicht formalisierbar sind. Ein typisches Beispiel für nicht formalisierbare Strukturen ist die Wahl adäquater Skalierungen bei mehrwertigen Merkmalsausprägungen (vgl. Abschnitt 2.3): nur im Diskurs mit den jeweiligen Fachexperten können die passenden Skalen entwickelt werden. Aber auch viele weitere Einflussgrößen bestimmen das Aussehen der Liniendiagramme, wie z.B. die Anordnung von Begriffen als kleine Kreise im Diagramm, die Größe des Ordnungsdiagramms, die Position von Beschriftungen etc.

So sind im Beispiel in Abb. 4.3 zwei verschiedene diagrammatische Darstellungen der gleichen logischen Situation und des gleichen formalen Kontextes zu sehen. Das Diagramm 4.3(a) unterscheidet sich vom Diagramm 4.3(b) nur in den beiden oberen vertauschten Begriffskreisen. Die logische Struktur ist in beiden Diagrammen dieselbe, es gibt keine Gründe aus der mathematischen Theorie heraus, die für oder gegen eine der beiden Darstellungen spräche. Eine Gestaltungsregel ist jedoch, Überschneidungen von Linien im Diagramm zu vermeiden, weil die Ordnungsstruktur ohne die zusätzlichen Kreuzungs-

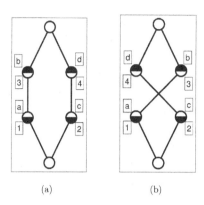

(a)   (b)

Abbildung 4.3: Beispiel verschiedener Darstellungen im Diagramm zum gleichen Kontext

punkte besser überblickt werden kann. Somit werden erfahrene Diagramm-Zeichner eher
mit der Lösung in Diagramm 4.3(a) arbeiten, wenn nicht gewichtige inhaltliche Gründe
für eine Darstellung wie in Diagramm 4.3(b) spricht.

Rhetorik wird traditionell als die Kunst von der Überzeugung verstanden, die sich mit
drei Bereichen beschäftigt (vgl. [Ric86, S. 37]):

1. Argumentation

2. Redeaufbau

3. Ausdrucksweise

Dies lässt sich nun auf die Situation in der Begrifflichen Wissensverarbeitung übertragen, in der es auch um die überzeugende Darstellung von zunächst in Tabellen gesammelten Daten und später Diagrammen geht. Den drei genannten Arbeitsbereichen der
Rhetorik werden nun folgende Aspekte in der Begrifflichen Wissensverarbeitung gegenüber gestellt:

1. Ziel- und Zweckorientierung

2. Strukturierung

3. Darstellung und Repräsentation

Über die *Ziel- und Zweckorientierung* kann sich ein Argumentationsstrang entwickeln, der die weitere Gestaltung von Diagrammen beeinflusst. Ziele für die Datenanalyse werden meist aus den Anwendungsproblemen abgeleitet. Die Anwender verfolgen ganz bestimmte Zwecke und benötigen daher eine Darstellung mit Liniendiagrammen, die diesen Zwecken gerecht wird (vgl. Abschnitt 3.3, sowie [Wi87], [Wi08]). Der Austausch über diese Ziele und Zwecke prägt die Zusammenarbeit von Mathematikern und Anwendern, bei der Festlegung von formalen Grundlagen und der Gestaltung von Diagrammen.

Mit Hilfe von Diagrammen Daten und Informationen zu sortieren und zu strukturieren, der Anwendungssituation überhaupt eine *Struktur* zu geben, entspricht dem Strukturieren eines Redeaufbaus. Die Ordnungsstruktur der Obergriff-Unterbegriff-Relation ist gestaltendes Mittel.

Die Wahl der *Darstellung* und der passenden Gestaltungsmittel für die *Repräsentation* bestimmen – wie in der Rede – die Ausdrucksweise und Ausdrucksstärke der Diagramme.

Rhetorik ist in all jenen Situationen bedeutend, in denen Urteile gefällt werden. Da auch die Begriffliche Wissensverarbeitung das Fällen von Urteilen unterstützen will, ist die Untersuchung rhetorischer Strukturen für die Gestaltung der Liniendiagramme hilfreich.

Wie es in der Rhetorik wichtig ist, dass der Charakter des Sprechers und die Aufnahmebereitschaft der Zuhörerschaft berücksichtigt werden, sollen rhetorische Strukturen helfen, Mathematiker und Anwender zusammenzubringen. Die Ausführungen über rhetorische Strukturen sollen helfen zu klären, welche Voraussetzungen die Anwender mitbringen sollten. Schematische bzw. ikonische Darstellungen sind zwar weitgehend selbsterklärend, ihre sinnhafte Verwendung in der Wissenskommunikation hängt jedoch vom Vorwissen ab. Daher muss auch bei Anwendern Formaler Begriffanalyse und Begrifflicher Graphen darauf Wert gelegt werden, dass sie Darstellungen wie Liniendiagramme und Begriffliche Graphen prinzipiell lesen und verstehen können.

Visualisierungen sind immer kontextabhängig, d.h. sowohl bei der Auswahl der Gestaltungsmittel und -methoden, als auch beim Verständnis spielt die jeweils zugrunde liegende Situation eine entscheidende Rolle. Je nach Ziel und Zweck sind von daher unterschiedliche Fokussierungen bei der Darstellung von Liniendiagrammen und Graphen sinnvoll.

Besonders hilfreich bei der Darstellung von Liniendiagrammen sind Software-Produkte zur Unterstützung der Begrifflichen Wissensverarbeitung. Vor allem TOSCANAJ hat sich als Open-Source-Programm in den letzten Jahren sehr bewährt, weil es die Erstellung von Liniendiagrammen unterstützt und ein Stück weit automatisiert (über die Internet-

Adresse http://toscanaj.sourceforge.net/ besteht die Möglichkeit zum Download). Zur vollen Entfaltung kommt das Programm aber nur durch den sachkundigen Benutzer, der mit den Werkzeugen von TOSCANAJ die automatisch generierten Liniendiagramme manipuliert und so den Zwecken anpasst.

Das von der Software erzeugte Liniendiagramm entspricht meist noch nicht den Verstellungen eines „guten" Liniendiagramms: Bereiche werden stark zusammengeschoben oder verzerrt dargestellt, Überschneidungen von Linien und Begriffskreisen können auftreten und Beschriftungen überlappen stark mit anderen Diagrammbestandteilen. TOSCANAJ bietet nun vielfältige Optionen der weiteren Gestaltung und Manipulation des Diagramms an: Alle einzelnen Begriffe des Diagramms können unter Beibehaltung der Verbindungslinien verschoben werden, vor allem können aber ganze Diagrammteile, sog. Filter bzw. Ideale, am Stück verschoben werden, in dem man das kleinste bzw. das größte Element des Diagrammteils auswählt und mit der Maus verschiebt. Hilfreich für die gut lesbare Gestaltung ist das Hintergrundgitter. Damit lassen sich die Begriffskreise ordentlich ausrichten.

Weitere Funktionalitäten von TOSCANAJ werden auch anhand der Vorgänger-Software TOSCANA von Rock und Wille ausgeführt (vgl. [RW00]).

4.4 Aufgaben, Ziele und Zwecke von Liniendiagrammen

Liniendiagramme erfüllen eine Vielzahl von Aufgaben und Zwecken. Eine gute Gestaltung hat genau diese Zwecke als Leitlinie immer vor Augen. Je nach Zweck können unterschiedliche Darstellungsweisen passend sein. Die verschiedenen Möglichkeiten der Einflussnahme auf die Gestaltung sollen in diesem Abschnitt erörtert werden.

Allgemein lassen sich folgende Ziele und Zwecke der Formgebung in Liniendiagrammen ausmachen:

- Die (komplexen) Sachverhalte sollen (in einfacher Form) festgehalten werden.

- Daten sollen „fassbar" und damit allgemein zugänglich gemacht werden, d. h. man bemüht sich, die Daten einfach, übersichtlich und allgemeinverständlich aufzutragen.

- Die in Daten verborgenen Zusammenhänge und Abhängigkeiten sollen sichtbar gemacht und dargestellt werden.

- Um eine Grundlage für die Vergleichbarkeit von Daten zu erreichen, sollen diese in
  eine gemeinsame Form gebracht werden.

- Aus gegebenen Daten sollen Informationen und Konsequenzen für weiteres Handeln
  abgeleitet werden.

- Diagramme sollen helfen, Daten eine Struktur zu geben.

- In Diagrammen können Abhängigkeiten erkannt und herausgelesen werden.

- Implizites Wissen soll explizit gemacht werden.

Die Wirkung auf die Gestaltung dieser allgemeinen Aspekte werden nicht nur beim
Einsatz von Liniendiagrammen spürbar. Zum Beispiel ist auch die Darstellung von Wahl-
ergebnissen in Kreisdiagrammen anschaulicher als in einer tabellarischen Partei/Prozent-
Gegenüberstellung. Viele der hier aufgeführten Zwecke sind aber auch auf andere Visualisierungen von Daten anwendbar.

Die spezifische Bedeutung der Liniendiagramme liegt in der lebensweltlichen Veranke-
rung der Begriffe und der mathematischen Fundierung. In der Allgemeinen Mathematik
geht es immer auch um die Frage nach Sinn und Bedeutung des eigenen Schaffens und
Handelns. Auch die innermathematische Weiterentwicklung von Theorien wird reflektiert
und in Beziehung zu anderen Entwicklungen und mathematischen Gebieten gebracht.
Außerdem steht Wissenschaft und damit auch Mathematik immer auch im gesellschafts-
politischen Diskurs und muss sich gegenüber der Allgemeinheit bei ihren Arbeiten und
mit ihren Ergebnissen ausweisen. Das Buch „Magier oder Magister. Über die Einheit
der Wissenschaft im Verständigungsprozess" von Hentig (vgl. [Hen74]) veranlasste Wille
Teilgebiete der Mathematik zu restrukturieren. In diesem Bestreben formulierte er wie
Mathematik als Allgemeine Mathematik (vgl. auch Abschnitt 1.5) dem Anliegen der Restrukturierung gerecht werden kann [Wi88].

Nimmt man diese Sicht auf Mathematik ernst, dann muss sowohl innermathematisch
als auch in der Anwendung und Kommunikation von Mathematik die Angemessenheit
und Güte der eingesetzten Verfahren und Darstellungsmittel reflektiert werden. Die Entwicklung von Kriterien für „gute" Liniendiagramme gehört damit ebenso zur Aufgabe der

Mathematiker wie diese Kriterien auch Anwendern transparent zu machen. Das Ziel ist, die grundlegenden Prinzipien, Methoden, Aufgaben und Zusammenhänge verstehbar und lernbar zu machen, und dabei auch auf Grenzen der Darstellungen hinzuweisen. Die Frage nach Sinn und Bedeutung der Darstellung von Daten mittels Liniendiagrammen wurde schon im Kapitel 3 erörtert.

Aufbauend auf den vier Aufgaben der Allgemeinen Mathematik lassen sich folgende für Anwendungen wichtige Zwecke von Liniendiagrammen beschreiben:

- *Darstellen* von Daten, ihren Zusammenhängen, ihrer Ordnung, in ihren Beziehungen zu Zahlenwerten und Ausprägungen von Merkmalen,

- *Informieren* über und *Vermitteln* von impliziten und explizitem Wissen, von Inhalten und Bedeutungen, sowie von Abhängigkeiten und logischen Aussagen über die Daten,

- *Präsentieren* von Informationen mittels Reduzieren, Vereinfachen, Zusammenfassen, Veranschaulichen, Überzeugen, Strukturieren,

- *Kommunizieren* von Bedingungen, Möglichkeiten und Grenzen, Gestaltung und Verfahren zwischen Mathematikern und Anwendern.

Wie und mit welchen Mitteln die Begriffliche Wissensverarbeitung diese Ziele unterstützt, kann anhand der Verweise auf Anwendungsbeispiele in [Wi92b] nachgelesen werden.

Die Wahl der Darstellung darf grundsätzlich keinen Verlust von Information mit sich bringen, d.h. es sollte prinzipiell immer möglich sein, jede Information zu bekommen, die im ursprünglichen Datensatz enthalten war. Das bedeutet nicht, dass immer und auf allen Ebenen die volle Information ständig präsent sein muss, sondern viel mehr, dass die Entscheidung, welche und wie viel Information dargestellt wird, im Hinblick auf einen bestimmten Zweck getroffen werden kann. Das Dilemma sich zwischen mehr Übersichtlichkeit und Reduktion von Information entscheiden zu müssen, ist nicht auflösbar, weil kontextabhängige Entscheidungen zu treffen sind. Wichtig ist es hier aber zu überlegen, wann sich welche Reduktionen lohnen, welche Mittel zum Verständnis helfen, und wie auf Wunsch dennoch bestimmte formalisierte und umfassendere Informationen abgerufen werden können.

Außerdem können aber auch die einzelnen grafischen Elemente eines Liniendiagramms ganz verschieden eingesetzt und verwendet werden. Neben der Anordnung der Elemente in der Zeichenebene können die Ausführungen auch in Bezug auf Schriftart und Schriftgröße, Farbgebung, Einsatz zusätzlicher Symbole wie Pfeile und grafische Elemente wie Informationskarten (vgl. Abschnitt 2.6.4) variiert werden.

4.4.1 Diagramme als Kommunikationsmittel

Eine bedeutungsvolle Wissenskommunikation stützt sich auf grafische Darstellungen und Bilder, um Wissen in seiner Vielfalt angemessen und trotzdem übersichtlich zu repräsentieren. Dabei sind *Diagramme* ein spezielles Darstellungs- und Kommunikationsmittel, das durch seine ikonografische Kraft verbaler Repräsentationen überlegen ist.

Das Hauptanliegen der Liniendiagramme besteht in der Unterstützung von Kommunikation. In einem Modell von Kommunikation, in dem die Akteure jeweils aus ihrer Lebenswelt heraus mittels Sprache oder spezieller mittels Liniendiagrammen kommunizieren, kann man das Hauptanliegen von Diagrammen noch etwas genauer betrachten.

Zwischen Akteuren des Kommunikationsprozesses soll als Kommunikationsziel durch Interaktion herbeigeführte „Verständigung und Gemeinsamkeit" hergestellt werden (vgl. [Fi02]). Der Kommunikationszweck, die konkrete Problemlösung, ist vom Kontext abhängig. Die Liniendiagramme unterstützen die Kommunikation auf *syntaktischer, semantischer und pragmatischer Ebene*. Liniendiagramme geben Daten und ihren Zusammenhängen Gestalt, die Diagramme werden auf der syntaktischen Ebene zum Zeichen für die Daten und Strukturen (vgl. grafische Materialisierung nach [Fi99]). Über den Bezug zur Datentabelle und der Anwendung, sowie den beschrifteten Begriffen im Liniendiagramm beziehen die Zeichen ihre Bedeutung. Die enge Verbindung von Diagramm und begrifflichem Denken unterstützt die semantische Ebene des Kommunikationsprozesses. Letztendlich aktiviert das Diagramm zum Analysieren, Navigieren, Diskutieren, etc. und regt unser Handeln an. Diese Wirkung der Zeichen wird als pragmatische Ebene bezeichnet. In diesem Sinne sind Liniendiagramme „Ausdrucks- bzw. Kommunikationsmittel für Wissenschaftler untereinander bzw. für den einzelnen Forscher in seiner Kommunikation mit sich selbst und in der Darstellung der Ergebnisse nach außen." [Fi00]

Aus der Community der grafischen Gestaltung ist das Werk von Edward Tufte (vgl. [Tu83]) sehr anregend für die Fragestellung dieser Arbeit. Tufte betrachtet sehr systematisch verschiedene Gestaltungsmöglichkeiten der Darstellung von Daten und belegt dies mit Beispielen, aus denen viele Anregungen für gute Visualisierung von Wissen hervorgehen, die in den nächsten Abschnitten vorgestellt und auf Liniendiagramme bezogen werden.

4.5 Charakterisierung „guter" Liniendiagramme

In der Theorie der Formalen Begriffsanalyse werden Linien- bzw. Ordnungsdiagramme zur Strukturierung und Analyse von Daten verwendet. Durch diese Visualisierung sollen die Daten und Zusammenhänge dem Anwender besser und leichter zugänglich gemacht werden. Durch die Bearbeitung der Daten mit Formaler Begriffsanalyse werden viele Einzeldaten zu größeren „Makros", den formalen Begriffen, zusammengesetzt und geordnet. Insbesondere die Materialisierung der Datenstruktur in Form von Anordnungen, Verbindungslinien und Beschriftungen erleichtern das anschließende Reden über die Daten und ermöglichen so tiefergehende Analysen. Die Frage aber, was „gute" Liniendiagramme für eine solche Diskussion und Analyse sind, lässt sich nicht einfach beantworten. Abhängig vom Zweck des Liniendiagramms und dem Interpretationsziel können Kriterien für eine gute Visualisierung entwickelt werden. Diese müssen auch berücksichtigen, wie Experten über bestimmte Fachgebiete denken und reden, damit genau das durch die Liniendiagramme ausgedrückt wird, was für die Anwender von hauptsächlichem Interesse ist. Grundlage für eine gute Visualisierung ist auch ein gutes Verständnis der Struktur des Begriffsverbandes, woraus schon erste Hinweise auf eine gute Repräsentation der Daten im Liniendiagramm gewonnen werden kann.

4.5.1 Anspruch und Anforderungen an Liniendiagramme

Ziele und Zwecke von Liniendiagrammen liegen oft nur implizit fest, manifestieren sich aber beim Zeichnen in Entscheidungen, welche Aspekte man hervorheben will, welche Informationen dargestellt werden sollen. Diese Entscheidungen werden auf unterschiedlichen Ebenen getroffen. Schon im Vorfeld des Zeichnens von Liniendiagrammen beim Festlegen des formalen Kontextes, aber dann auch bei jedem Schritt hin zu einem Liniendiagramm wird anhand von Zielen und Zwecken entschieden, was wie dargestellt wird. Gerade auch bei der Verwendung von gestuften Liniendiagrammen, sind inhaltliche, für die Darstellung weitreichende Entscheidungen zu treffen: Will man eine möglichst kleine Stufung (kleine, überschaubare Bereiche) oder eher größere logische Einheiten? Um diese Entscheidung gewissenhaft treffen zu können, müssen logische Unterstrukturen identifiziert werden. Der Grafikdesigner Tufte betont für grafische Darstellungen von Daten folgende Kriterien betont:

> „Graphical displays should
>
> - show the data,
> - induce the viewer to think about the substance rather thus about methodology, graphic design, the technology of graphic production, or something else,
> - avoid distorting what the data have to say,
> - present many numbers in a small space,
> - make large data sets coherent,
> - encourage the eye to compare different pieces of data,
> - reveal the data at several levels of detail, from a broad overview to the fine structure,
> - serve a reasonably clear purpose: description, exploration, tabulation, or decoration,
> - be closely integrated with the statistical and verbal descriptions of a data set.
>
> Graphics <u>reveal</u> data. Indeed graphics can be more precise and revealing than conventional statistical computations." [Tu83, S. 13]

Durch die bisherigen Ausführungen wurde deutlich, dass Liniendiagramme diesen Ansprüchen genügen. Besonders überzeugend sind Liniendiagramme auch deshalb, weil sie Daten und die Verarbeitungsmethoden nicht verschleiern, sondern in ihrer reichhaltigen Struktur zum Ausdruck bringen und die Methoden immer transparent bleiben. Das macht sie nach Tufte zu exzellenten grafischen Repräsentationen:

> „Graphical excellence consists of complex ideas communicated with clarity, precision, and efficiency. Graphical excellence is that which gives to the viewer

the greatest number of ideas in the shortest time the least ink in the the smallest space. Graphical excellence is nearly always multivariate. And graphical excellence requires telling the truth about the data." [Tu83, S. 51]

Offen bleibt bei den Ansätzen der Grafikdesigner die Formulierung einer wissenschaftlichen Theorie, die bestimmte Darstellungen absichert, d.h. ähnlich einem mathematischen Modell, eine schlüssige Theorie für die Datenanalyse zusammen mit der Darstellung der Ergebnisse in Liniendiagrammen zu entwickeln.

4.5.2 Kriterien und Bewährung

Kriterien für „gute" Diagramme können praktisch nur angebunden an den Kontext und den jeweiligen Inhalt formuliert werden, da dieser auch die Zielsetzung und den Zweck der Datenanalyse bestimmt.

Die wenigen konkreten Anleitungen und Regeln zum Zeichnen, die im nächsten Abschnitt aufgeführt werden, bieten zwar eine Unterstützung, um eine Visualisierung zu erhalten, sagen aber nichts über die Güte und Praxistauglichkeit des resultierenden Diagramms aus.

Bei der Darstellung der Liniendiagramme kann es hilfreich sein, vor allem mathematische Strukturen herauszuarbeiten, also ausschließlich den Inzidenzrelationen Beachtung zu schenken, oder auch geometrische Figuren wie z.B. Würfelstrukturen zu zeichnen, die einen besseren Überblick über die Zusammenhänge geben und leichter zu erfassen und zu behalten sind, oder gar ganz andere Muster, die in der Praxis und dem Alltag des jeweiligen Anwendungsgebietes eine große Rolle spielen und so durch ihren Einsatz in der Visualisierung die Datenanalyse unterstützen können.

Die teilweise gegenläufigen Anliegen und Zwecke der Kriterien für gute Diagramm stellen ein Problem dar. Welchem Kriterium soll Vorrang gegeben werden, was ist für die Darstellung von größerer Bedeutung? Welche Kriterien haben Priorität? Oder sollten womöglich mehrere alternative Darstellungen zum Einsatz kommen?

So sagt eine Regel zum Zeichnen von Diagrammen, dass z. B. alle verbindungsirreduziblen Begriffe auf einer Ebene gezeichnet werden sollen. Folgt man diesem Rat beim Beispiel in Abb. 4.4(a) in dem Primzahlzerlegungen von natürlichen Zahlen dargestellt werden, handelt man sich eine Überlappung von Kreisen ein (durch die fette Kreislinie markiert) – das Diagramm wird unübersichtlich. Erst wenn man diese Regel ignoriert und die oberen

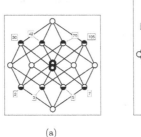 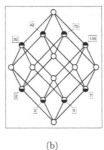

(a)   (b)

Abbildung 4.4: Überlappung von Begriffen (a) Versetzte Darstellung der Begriffe führt zu einem schöneren Diagramm (b)

Begriffe leicht versetzt anordnet, entsteht ein schönes übersichtliches Diagramm wie in Abb. 4.4(b).

Strukturelle Kriterien

Als *Strukturkriterien* möchte ich Kriterien zum Zeichnen von Liniendiagrammen verstehen, die sich aus der (mathematischen) Struktur der Begriffsverbände ergeben.

Gute Diagramme kann man erhalten, indem man beim Zeichnen der sog. geometrischen Methode folgt. Grundlage für die geometrische Methode beim Zeichnen von Liniendiagrammen ist die Erstellung einer Nachfolgerliste aller Begriffe, die einen Aufbau des Liniendiagramms von oben nach unten in mehreren Schichten ermöglicht. Über das geometrische Diagramm kann der Aufbau des späteren Diagramms besser verstanden und herausgearbeitet werden. Außerdem zeigt das geometrische Diagramm auch geometrische Teilstrukturen wie z. B. Würfelstrukturen auf (vgl. [GW96, S. 69ff]).

Die Würfelstrukturen helfen als gute Darstellung für Liniendiagramme von Boole'schen Verbänden. In diesen treten die Merkmale in jeweils allen möglichen Kombination auf, die Liniendiagramme werden am schönsten, wenn man beim Zeichnen das passende Kantenmodell eines Würfels vor Augen hat. Die Dimensionalität des Würfels wird durch die Anzahl verbindungs-irreduzibler Elemente angegeben (vgl. Abb. 4.4(b), ein vierdimensionaler Würfel).

In *gestuften Liniendiagrammen* werden Teilgebiete der Datentabelle abgegrenzt und gesondert dargestellt. Parallelscharen von Linien zwischen solchen Teilgebieten (Feldern) werden durch eine einzige Linie ersetzt. Um diese Verfahren einzusetzen muss die Merkmalsmenge passend aufgeteilt werden. Anschließend werden die Liniendiagramme der Teilkontexte ermittelt, die sich im gestuften Liniendiagramm wieder zusammensetzen lassen (vgl. [GW96, S. 77ff]).

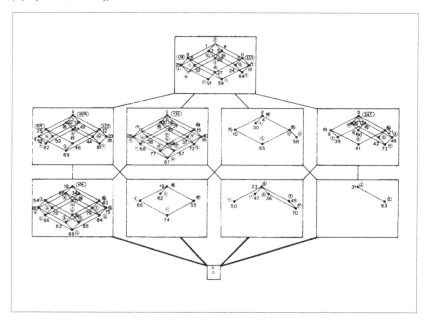

Abbildung 4.5: Gestuftes Liniendiagramm zum Kontext behinderter Kinder

Im Liniendiagramm in Abb. 4.5 wurde zum ersten Mal ein gestuftes Diagramm eingesetzt, um auch große Datenmengen (Abb. 4.6) noch übersichtlich in Liniendiagrammen darstellen zu können (vgl. [Wi84]). In dem Projekt ging es darum, die Krankheitsbilder von über 3000 geistig- und körperbehinderten Kindern besser zu durchschauen und auch Abhängigkeiten im Auftreten verschiedener Schädigungen zu erkennen. Im Kontext Abb. 4.6 gibt die zweite Spalte die Anzahl der Fälle der entsprechenden Kombination von Schädigungen wieder. Einige Fallzahlen waren so klein, dass man zur Vereinfachung der Darstellung geneigt war, diese als „Ausreißer" wegzulassen. Doch die Mediziner an dem behandelnden Krankenhaus in Paris waren genau an diesen seltenen Fällen sehr interessiert, sodass eine überzeugende und übersichtliche Darstellung des Liniendiagramms erarbeitet werden musste.

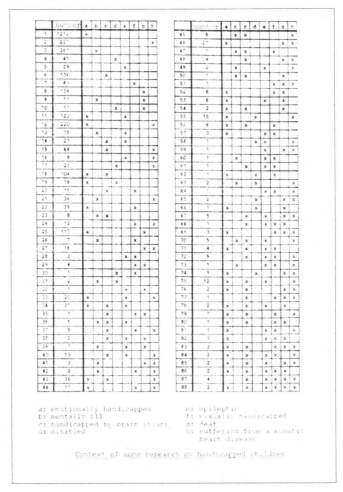

Abbildung 4.6: Kontext über geistig- und körperbehinderte Kinder

Die einfache Linie zwischen zwei Feldern im Diagramm bedeutet, dass Punkte, die beim Übereinanderschieben der beiden Felder zur Deckung kommen, miteinander verbunden sein sollen. Die fett gedruckten Linien zwischen dem untersten Feld und den darüber angrenzenden Feldern stehen für Verbindungen von jedem Kreis des unteren Feldes zu jeweils allen Kreisen des oberen Feldes.

> „Das gestufte Liniendiagramm ergibt sich also aus einer Zerlegung der Merkmalsmenge: Eine Teilmenge liefert das Schema für die Liniendiagramme in den Feldern und die andere das Diagramm mit den Feldern als Elementen. Verschiedene Aufteilungen der Merkmalsmenge führen in der Regel zu verschiedenen gestuften Liniendiagrammen, die häufig unterschiedliche Einsichten in den Begriffsverband eröffnen." [Wi84]

Die Entscheidung darüber, wie die Stufen eines Diagramms gesetzt werden, also welche Aufteilung der Merkmalsmenge vorteilhaft ist, muss aufgrund inhaltlicher Kriterien getroffen werden. Inhaltlich stark zusammengehörige Merkmale sollten durch die Stufung nicht getrennt werden. Im Beispiel wurde die Merkmalsmenge einfach halbiert: die ersten vier Merkmale sind für die große Verbandsstruktur mit den Feldern verantwortlich, die kleinen Diagramme ergeben sich aus den letzten vier Merkmalen. Beim Zeichnen gestufter Verbände werden zuerst die Diagramme zu beiden Teilkontexten entworfen. Anschließend wird eine große Kopie des ersten Diagramms so gezeichnet, dass die Begriffskreise als rechteckige Felder dargestellt werden, in die dann jeweils eine Kopie des Liniendiagramms des zweiten Teilkontextes eingetragen wird (vgl. [GW96, S. 78f]).

Eine Besonderheit in Abb. 4.5 ist, dass nicht in jedes Feld das volle kleine Diagramm eingetragen wurde, sondern jeweils nur der realisierte Teil des Diagramms, um weitere Übersichtlichkeit zu schaffen, d. h. also nur diejenigen Begriffskreise wurden eingezeichnet, deren Merkmalskombination auch in Fallbeispielen vorkamen.

Ein sehr erfolgreiches Verfahren zur Produktion von ansehnlichen Liniendiagrammen ist es, additive Liniendiagramme zu zeichnen (vgl. [GW96, S. 75f]). Nach Wahl der Position der irreduziblen Merkmale gehen alle weiteren Positionen von Begriffen aus Vektoraddition der vorgegebenen Linien vom größten Begriff zu den schnitt-irreduziblen Begriffen hervor. Ein Nachteil ist, dass die Diagramme nach unten hin sehr langgestreckt erscheinen können. Aus den additiven Liniendiagrammen entstammt aber die Empfehlung, möglichst

Parallelogramme zu zeichnen, um die Übersichtlichkeit zu wahren (vgl. den nächsten Abschnitt).

Anwenderzentrierte Kriterien

Als *anwenderzentrierte Kriterien* bezeichne ich weitere Regeln und Kriterien, die sich aus der Arbeit mit Liniendiagrammen als sinnvoll ergeben haben, aber (noch) nicht formalisiert wurden oder aus der Verbandsstruktur ableitbar sind.

Ein *gutes* Liniendiagramm soll

- übersichtlich sein, d. h. möglichst keine Überlappung von Punkten und Beschriftungen enthalten, die Verbundenheit von Punkten klar und eindeutig anzeigen, gewisse Mindestschriftgröße einhalten, übersichtliche Abstand der einzelnen Elemente des Begriffsverbandes, Stärke der Linien und Punkte und sonst. Elemente angemessen wählen,

- leicht lesbar sein, d. h. die Größe der verwendeten Zeichen und Beschriftungen darf nicht zu klein aber auch nicht groß sein, Verbandselemente, Punkte und Kreuzungspunkte von Linien müssen unterscheidbar sein, der Kontrast muss stimmen,

- intuitiv erfassbar sein, d. h. die Datenstruktur soll möglichst mit einem Blick erkannt und behalten werden,

- die Interpretation der dargestellten Daten erleichtern, d. h. vor allem ein gutes Liniendiagramm im Sinne der bisher genannten Kriterien sein und außerdem je nach Ziel und Zweck noch weitere Gestaltungselemente enthalten,

- die Anzahl der Ebenen bzw. Schichten im Liniendiagramm nicht zu groß werden lassen,

- bei der Darstellung auf bekannte Muster aus dem Alltag zurückgreifen, also z. B. Würfelstrukturen,

- durch Farbgebung, Pfeile und andere Elemente Akzente setzen,

- eine „Zoom"-Funktion ermöglichen, d.h. die Möglichkeit bieten, Ausschnitte vergrößert und evtl. auch detailreicher anzeigen zu lassen.

Die nun folgenden Zeichenregeln und -hilfen leiten sich aus strukturellen Überlegungen ab, sind aber eher als Handlungsvorgabe zu verstehen, um die anderen Kriterien zu erfüllen.

- Positionsregel: Sind a und b Elemente von der geordneten Menge P mit $a < b$, so muss der a zugeordnete Punkt tiefer liegen (d. h. eine kleinere y-Koordinate haben) als der, der b zugeordnet wird.

- Parallelogramm-Regel: Neue Elemente sollen dorthin gezeichnet werden, wo sie drei schon dargestellte Elemente mit den Verbindungsstrecken zu einem Parallelogramm ergänzen.

- Geradenregel: Eine Strecke zu einem neuen Punkt soll möglichst so gerichtet sein, dass sie ein längeres Geradenstück mit schon gezeichneten Strecken bildet.

- Minimierung der Zahl der Kreuzungen von Linien im Diagramm

Die Positionsregel fordert zwar, dass alle Punkte, die in der Verbandsordnung kleiner sind als andere, unterhalb jener gezeichnet werden müssen. Der Umkehrschluss gilt jedoch nicht: Es wird sehr wohl Punkte geben, die im Diagramm rein optisch unter anderen liegen, ohne dass sie auch von der Ordnung her als kleiner anzusehen sind. Entscheidend ist dafür, ob es eine aufsteigende Verbindungslinie zwischen den Elementen gibt. Ansonsten können durch andere Regeln oder einfach durch ein entzerrendes Zeichnen beeinflusst auch Punkte untereinander zu liegen kommen, die nicht in der Ordnung untereinander liegen.

Die Regeln verfolgen teilweise gegenläufige Ziele. Hier empfiehlt es sich immer die angestrebte Übersichtlichkeit der Liniendiagramme im Blick zu haben und situationsbezogen zu entscheiden.

Sachbezogene Kriterien

Bei allen Darstellungen von Begriffsverbänden spielen neben den mathematischen und strukturellen Kriterien immer auch logisch-inhaltliche Aspekte bezogen auf die Sache eine Rolle.

Zum Beispiel treten häufig sich ausschließende Gegensatzpaare innerhalb der Merkmale auf, die einen symmetrischen Aufbau des Liniendiagramms mit sich bringen. Oder es sollen Merkmalsbegriffe zu in der Lebenswelt zusammengehörigen Merkmalen auch im Liniendiagramm nahe beieinander gezeichnet werden.

Im schon zitierten Beispiel der Therapie von essgestörten Patientinnen (vgl. Abb. 3.8 in Abschnitt 3.3.1) hängt für die Interpretation des Diagramms viel davon ab, in welcher Reihenfolge die Gegenstandsnamen im Diagramm auftauchen. Die einzelnen Streckenzüge können unter Beibehaltung der Ordnungsbeziehungen verschoben werden, wobei allerdings oft die Übersichtlichkeit der Diagramme leidet. Im Beispieldiagramm wurde die Lage der Begriffskreise so gewählt, dass die beiden mit „Ich" und „Ideal" beschrifteten Kreise links außen und damit den Kreisen „Vater" und „Mutter" gegenüberstehen, um die Unterschiede zwischen den Personen und der Patientin hervorzuheben.

5 Didaktische Überlegungen zum Zeichnen von Liniendiagrammen

5.1 Einführung in das Lernspiel CAPESSIMUS

Es ist bemerkenswert, dass trotz einer weitverbreiteten Abneigung gegen Mathematik doch eine breite Bevölkerungsschicht Spaß an Knobelaufgaben und Rätseln jeder Art aufbringt. Zuletzt konnte diese Begeisterung am Boom für das Zahlenrätsel SUDOKU festgemacht werden. Bemerkenswert ist das deshalb, weil (fast) alle diese Rätsel, Sudoku insbesondere, sehr stark logisches Denken in einem allgemeinen Sinne und mathematisches Vorgehen und Arbeiten im Besonderen verlangen.

In einem Rätsel oder einer Knobelaufgabe wird die Ausgangslage *geklärt*, d. h. bestimmt, was gegeben und was gesucht ist. Man *plant* und *analysiert*, wo man im Rätsel beginnen kann, wo es Ansatzpunkte gibt, an denen die Fortsetzung und das Weiterdenken lohnt. Das Problem wird *aufgeteilt* in kleinere Einheiten, Hinweise werden *systematisch* aufgeschrieben, die Aufgabenstellung und das Problem muss *strukturiert* werden, um die notwendigen Arbeitsschritte zu klären und zu priorisieren. Oftmals hilft es, der Reihe nach bestimmte Fälle *auszuprobieren* und *Fallunterscheidungen* vorzunehmen (z.B. die Buchstaben des Alphabets im Kreuzworträtsel durchprobieren oder systematisch die Zahlenreihe beim Sudoku probieren). Durch das *Schließen* von einer Teillösung auf eine andere Situationen kann man *Abhängigkeiten* erkennen und bestimmte Konstellationen *ausschließen* (beim Sudoku wird über das mögliche Auftreten einer Zahl an einer Stelle für oder gegen das Auftreten einer Zahl an einer anderen Stelle argumentiert). Manchmal hilft es auch das Problem mit Zeichnungen zu *visualisieren*, mit Beispielen zu *veranschaulichen* oder mit Symbolen und Diagrammen zu *formalisieren* (z.B. die Kreuzchen-Schemata beim PM-Logik-Trainer).

All dies wird eher selbstverständlich und oft sogar mit großer Freude im Rahmen von

Rätseln und Knobelspielen ausgeführt und macht deutlich, dass die Rätsellöser im logisch-mathematischen Denken doch besser geschult sind, als sie selbst annehmen und zugeben. Zudem stärkt die Beschäftigung mit solchen Rätseln die Fähigkeiten im mathematisch-logischen Denken weiter.

Diese Einsicht wurde für den Zweck, das Zeichnen von guten Liniendiagrammen zu erlernen und zu üben, Gewinn bringend eingesetzt. Die Begeisterung für Knobelspiele aufnehmend wurde das Spiel CAPESSIMUS entwickelt. CAPESSIMUS bettet sich ein in eine Didaktik der Begrifflichen Wissensverarbeitung, die das Alltagsdenken und allgemein logisches Schließen mit mathematischen Mitteln unterstützen will. Als ersten Schritt geht es bei CAPESSIMUS darum, das Lernen des Zeichnens von Begriffsverbänden auf Grundlage von formalen Kontexten (vgl. Abschnitt 2) zu unterstützen. Mit der Anbindung an lebensweltliche Zusammenhänge mittels der Kontexte hebt sich CAPESSIMUS mit seiner großteils nicht-mathematischen Semantik deutlich ab von Spielen wie SUDOKU, die stärker oder ausschließlich auf eine mathematische Semantik aufbauen und mehr die Fähigkeit zum Knobeln herausfordern. CAPESSIMUS bietet dagegen die Möglichkeit zu erlernen, wie Alltagsdenken diagrammatisch unterstützt werden kann, und verlangt nach analytisch-strukturierenden Denkfähigkeiten.

„„CAPESSIMUS" – wörtlich übersetzt: „wir ergreifen", „wir begreifen" – benennt ein Denkspiel, bei dem Begriffshierarchien durch Liniendiagramme dargestellt werden. Solche Liniendiagramme helfen, Zusammenhänge von Begriffen zu erfassen und zu begreifen." [Wi07, S. 1, Übersetzung von Wille]

„Das Denkspiel „CAPESSIMUS" soll damit vertraut machen, wie aus Kreuztabellen gut lesbare Diagramme der zugehörigen Begriffshierarchien gewonnen werden können. Dazu wird jeweils ein unvollständiges Diagramm vorgegeben. Dieses Diagramm ist aus dem vollständigen Liniendiagramm dadurch entstanden, dass alle Strecken entfernt wurden, die nicht den untersten Kreis bzw. nicht den obersten Kreis als Endpunkt haben. (...) Grundaufgabe von CAPESSIMUS ist, durch geeignetes Verbinden von Kreisen aus einem unvollständigen Diagramm ein vollständiges Liniendiagramm zu machen, das die Begriffshierarchie der zugehörigen Kreuztabelle darstellt. (...) Allgemein wird empfohlen, die Strecken mit Bleistift und Lineal einzutragen und stets ein Radiergummi zur Hand zu haben, da man sich erfahrungsgemäß nur zu oft zu Korrekturen gezwungen sieht." [Wi07, S. 3, Übersetzung von Wille]

Im Unterschied zu Spielen wie z. B. Sudoku spielt bei CAPESSIMUS nicht nur der Prozess des Erarbeitens des Liniendiagramms, sondern auch das fertige Ergebnis eine wesentliche Rolle. Denn das Liniendiagramm ist über den Knobelspaß hinaus inhaltlich bedeutsam und kann spannende Zusammenhänge und interessante Einblicke in das Thema geben, aus dem die Daten ursprünglich stammen. In der Begrifflichen Wissensverarbeitung setzt die analytische und interpretierende Arbeit an den Daten erst am fertigen Liniendiagramm richtig an. In ihm kommt die Struktur der Daten zur Entfaltung, wie besonders an den großen Projektbeispielen (vgl. u. a. Abb. 3.8, Abb. 3.9 und Abb. 4.5) sehr eindrucksvoll deutlich wird.

CAPESSIMUS schafft also mehr, als nur das Zeichnen von Liniendiagrammen näher zubringen. Es schult das Denken in begrifflichen Strukturen, den Umgang mit Datenstrukturen, das Lesen von Ordnungsdiagrammen und das Verständnis für Hierarchien. Daneben wird vermittelt, wie lebensweltliche Zusammenhänge bedeutungsvoll modelliert und repräsentiert werden können, und das Interesse geweckt, sich mit der Methode der Formalen Begriffsanalyse auseinander zu setzen.

> „Repräsentieren lernen umfasst dann zweierlei: Bedeutungen von Repräsentationen als Verweise auf Begriffsinhalte kennenlernen und mit Repräsentationen „stellvertretend operieren" lernen." [He91, S. 52]

Es spricht die Lernenden an, weil es über die konkreten Anwendungen, die im Kontext bzw. dem Liniendiagramm repräsentiert werden, einen starken Bezug zur realen Welt gibt, weil überhaupt mit konkreten und authentischen Daten gearbeitet wird, die allgemein verständlich und erfahrbar aufbereitet werden, weil es Spaß macht, die Zusammenhänge in den Diagrammen herzustellen, auch schöne Diagramme zu erzeugen, die den ästhetisch-künstlerischen Sinn ansprechen, sowie das Streben nach Erkenntnisgewinn, der durch die vervollständigten Diagramme und ihrer Interpretation in Hinblick auf den Anwendungsbezug möglich ist.

Wie nun die Aufgabe bei CAPESSIMUS, die vorgegebenen unvollständigen Liniendiagramme zu vervollständigen, gelöst werden kann, ist nicht eindeutig zu beantworten. Mit etwas Übung entwickelt man Strategien, die bestimmte grafische Muster oder auch Symmetrien ausnutzen. Zu Beginn ist es aber auch gut einfach zu experimentieren.

„Experimentieren ist systematisch angelegtes, versuchsweises Handeln mit dem Ziel, bei Objekten Wirkungen von Einwirkungen oder ihren Aufbau zu untersuchen, also den konstruktiven Versuch zu unternehmen, sie aus „einfachen" Objekten aufzubauen. Objekte und Handlungen können real, abstrakt oder auch bedeutungstragende Repräsentationen sein." [He91, S. 51]

An dieser Stelle setzt CAPESSIMUS an und will

„Lernprozesse auslösen und Lernwege steuern. Ganz nebenbei werden Kompetenzen wie Kommunizieren, Argumentieren und Modellieren gefördert. Und sie machen auch noch Spaß". [LO07, S. 4]

Experimentieren bei CAPESSIMUS bedeutet, dass man im unvollständigen Liniendiagramm folgendermaßen Linien einzieht: „Hat entsprechend der Kreuzchentabelle ein Gegenstand ein Merkmal, dann (und nur dann) verbindet man den Kreis, an dem der Name dieses Gegenstands steht, durch eine dünne Linie mit dem Kreis, an dem der Name des Merkmals steht." [Wi07, S. 3] Werden nach und nach alle Kreuze der Tabelle als Linien in das Diagramm eingetragen, so wird es dann nötig sein einige Linien weiter zu bearbeiten. Liniendiagramme sollen nämlich die Eigenschaft haben, bei einem sog. absteigenden Streckenzug, also einem Streckenzug bei dem man jeweils nur Linien folgt, die im Diagramm nach weiter unten führen, der Anfangs- und Endpunkt nicht durch eine weitere Strecke direkt miteinander verbunden sind. Durch geeignetes Verschieben oder Löschen der dünnen Linien, kann man das gesuchte Ergebnis herstellen. Das anfängliche Ziel, überhaupt alle Kreuze durch Verbindungslinien darzustellen, wird nun erweitert um das Ziel, „überflüssige" Linien zu vermeiden, was ganz zur Auffassung von Experimentieren passt:

„Ziele können sich beim Experimentieren handlungsbedingt ändern, und die Experimentierhandlungen können zielorientiert verändert, auch verworfen und durch andere ersetzt werden." [He91, S. 51]

5.2 Arbeiten und Lernen an CAPESSIMUS

Um das Zeichnen von Diagrammen zu erlernen, bekommen die Lernenden als Vorlage einen formalen Kontext (Kreuztabelle) zu einer Anwendungssituation und ein beschriftetes aber unvollständiges Liniendiagramm, in dem alle Begriffe als kleine Kreise dargestellt werden. In der Vorlage werden alle Linien aus dem Diagramm entfernt bis auf Linien von Kreisen zum obersten und untersten Kreis. Die Aufgabe besteht nun darin, das vorgegebene Diagramm zu einem vollständigen Liniendiagramm zu ergänzen (vgl. Abb. 5.1). An dieser Stelle sei für die Grundlagen von Liniendiagrammen und Formaler Begriffsanalyse auf den Abschnitt 2.3 verwiesen. Außerdem müssen noch folgende Regeln beachtet werden:

- Es existiert kein absteigender Streckenzug, bei dem der Anfangskreis mit dem Endkreis durch eine weitere Strecke direkt verbunden ist (Transitivität, vgl. Abb. 2.2).

- Kreise dürfen nicht durch horizontale Strecken verbunden werden.

Als zusätzliche Information wird auch die Anzahl der einzutragenden Strecken vorgegeben (bei schwierigeren Aufgaben für fortgeschrittene Diagramm-Zeichner kann die Information über die Anzahl von Strecken auch weggelassen werden).

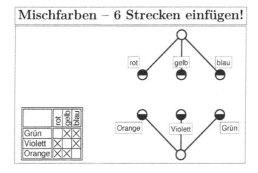

Abbildung 5.1: Ein Beispiel für ein Arbeitsblatt bei CAPESSIMUS

Zu Beginn müssen sich die Lernende in die Situation einlesen, den Kontext erfassen und die vorgegebenen Diagrammteile richtig interpretieren, um anschließend die fehlenden Strecken ergänzen zu können. Im Beispiel geht es um die Mischfarben „Orange", „Violett" und „Grün". Aus dem Kontext in Abb. 5.1 kann abgelesen werden, dass sich jede Mischfarbe aus je zwei Grundfarben zusammensetzt, da in jeder Zeile zwei Kreuze auftreten. Also werden jeder Mischfarbe zwei der Grundfarben rot, gelb oder blau zugeordnet.

Nun schlussfolgern Lernende, dass von jedem Begriff im mittleren Bereich des Diagramms (Abb. 5.1) zwei Linien ausgehen müssen. (Vom kleinsten und größten Begriff gehen jeweils drei Linien aus, die auf dem Arbeitsblatt schon eingetragen sind.) Mit der zusätzlich vorgegebenen Information, dass insgesamt sechs Streckenzüge einzufügen sind, vervollständigen sie das Liniendiagramm schnell (Abb. 5.2).

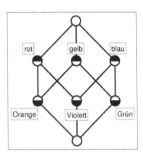

Abbildung 5.2: Das vervollständigte Liniendiagramm zum Kontext „Mischfarben"

Andere Lernende beginnen aber auch ohne diese Vorüberlegungen gleich am Diagramm zu arbeiten und Strecken zu ergänzen. Häufig fangen sie bei den links liegenden Begriffskreisen mit der Beschriftung „rot" oder „Orange" an. Wenn sie bei dem Begriffskreis anfangen, der die Beschriftung „rot" trägt, schauen sie zunächst, wo „rot" in der Kreuztabelle vorkommt. Sie finden in der ersten Spalte zwei Kreuze bei „Violett" und „Orange". Daraus werden sofort zwei Linien von dem links oberen Begriff „rot" zu den beiden Begriffen, die mit „Orange" und „Violett" beschriftet sind. Derart arbeiten sich die Lernenden voran, bis alle sechs Strecken eingefügt sind.

Solange die Diagramme in den Beispielen so gebaut sind, dass immer nur eine Ebene von Linien fehlt, d.h. sich alle Begriffe, die mit einem Merkmal beschriftet sind, direkt mit einem Begriff verbunden werden können, der mit einem Gegenstand beschriftet ist, fällt es den Lernenden noch sehr leicht die Diagramme zu vervollständigen.

Ein großer Sprung in der Anforderung tritt auf, wenn „unbeschriftete" Begriffe im Teildiagramm vorgegeben werden, also Begriffe, die nicht direkt mit einem Merkmals- oder einem Gegenstandsnamen beschriftet sind (vgl. Abb. 5.3(b)).

Fangen nun die Lernenden gleich an, im Diagramm Strecken einzutragen, ohne sich vorher über die Gesamtsituation auch im Kontext vertraut zu machen, entstehen häufig

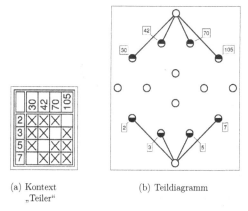

(a) Kontext
„Teiler"

(b) Teildiagramm

Abbildung 5.3: Kontext und Teildiagramm „Teiler"

erstmal Diagramme, wie sie formal nicht richtig sind (vgl. Abb. 5.4(a)). Vorschnell werden die im Diagramm unten aufgeführten Teiler mit den Vielfachen oben verbunden, die leeren Begriffe in der mittleren Ebene bleiben vorerst unberücksichtigt. In der Regel begreifen die Lernenden bei solchen Diagrammen erst durch Fehlversuche die Bedeutung der Begriffe in der mittleren Ebene, hier als gemeinsame Vielfache und Teiler. So kann z. B. der zweite leere Kreis von links als 2 · 3 = 6 interpretiert werden, der dann wiederum sowohl Teiler von 30 als auch von 42 ist (vgl. vervollständigtes Diagramm in Abb. 5.4(b)).

Erfahrene Diagramm-Zeichner erkennen dagegen nach eingehender Analyse des Kontextes, dass es sich um eine sehr bekannte logische Form handelt: jeder Gegenstand hat drei Merkmale und eines nicht (immer genau drei Kreuze in einer Zeile, Kontext mit Kreuzen gefüllt – bis auf die freie Diagonale). Schon im Eingangsbeispiel der Mischfarben ist das Muster eines gefüllten Kontextes mit freier Diagonale aufgetreten, allerdings nur mit drei Gegenständen und drei Merkmalen, und führte dort zu einem Diagramm, dass einem Würfelschrägbild gleicht. Beim Beispiel „Teiler" liegen vier Gegenstände und vier Merkmale vor, was bei dieser Verteilung der Kreuze im Kontext zur Struktur eines vierdimensionalen Würfels führt.

In der Regel führen die eben beschriebenen Arbeitsschritte zu Liniendiagrammen, die auch den zum vorgegebenen Kontext zugehörigen Begriffsverband darstellen. Um dies

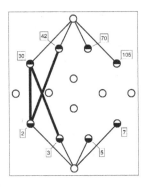

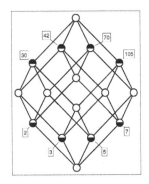

(a) Fehlversuch zur Ergänzung der Strecken im Teildiagramm „Teiler"

(b) Vervollständigtes Diagramm zum Kontext „Teiler"

Abbildung 5.4: Schritte zum vollständigen Diagramm am Beispiel des „Teiler"-Diagramms

zu überprüfen, müssen die im Hauptsatz für beschriftete Liniendiagramme (vgl. Abschnitt 2.4) genannten Bedingungen überprüft werden:

1. Jedem Kreis mit genau einer Strecke abwärts muss mindestens ein Gegenstandsname zugeordnet sein.

2. Jedem Kreis mit genau einer Strecke aufwärts muss mindestens ein Merkmalsname zugeordnet sein.

3. Ein Kreis mit Gegenstandsnamen ist genau über einen aufsteigenden Streckenzug (auch der Länge 0) mit einem Kreis mit Merkmalsnamen verbunden, wenn das zugehörige Paar (Gegenstandsname, Merkmalsname) in der Kreuztabelle eine Zelle mit Kreuz repräsentiert.

4. Die vorgegebene Anzahl der einzufügenden Strecken muss mit der Anzahl der eingefügten Strecken übereinstimmen.

Mit der Vorgabe aller Begriffe durch kleine Kreise und die Anzahl der Linien, die eingetragen werden sollen, reicht es sogar aus, nur die ersten drei Bedingungen zu prüfen.

Bedingung 1 wird erfüllt, wenn jeder Kreis, von dem nur genau eine Linie nach unten führt, mit einem Gegenstandsnamen beschriftet ist. Analog muss für Bedingung 2 jeder

Kreis mit genau einer Linie nach oben, mit einem Merkmalsnamen beschriftet sein. Für Bedingung 3 muss sichergestellt werden, dass die Kreuze aus der Datentabelle korrekt in Streckenzüge im Liniendiagramm umgesetzt wurden. So muss für jedes Kreuz kontrolliert werden, dass der zugehörige Gegenstand über einen aufsteigenden Streckenzug mit dem dazu gehörigen Merkmal verbunden ist. Umgekehrt darf von einem Gegenstand im Diagramm kein Streckenzug zu einem Merkmal existieren, wenn in der Datentabelle kein Kreuz gesetzt ist. Dieser letzte Kontrollschritt, d. h. die Kreuztabelle Kreuz für Kreuz durchzugehen, ist häufig schon im Entstehensprozess integriert, um die fehlenden Linien ergänzen zu können.

5.3 Didaktische Analyse und Begründung

Ausgehend von einer konstruktivistischen Lerntheorie soll erläutert werden, wie und warum CAPESSIMUS didaktisch wirksam werden kann.

Eine wichtige Voraussetzung für die Aneignung neuen Wissens ist, eine prinzipielle Bereitschaft zum Lernen mit zu bringen und sich auf die Eigenständigkeit und Selbstverantwortlichkeit fordernde Lernumgebungen wie CAPESSIMUS einzulassen. Diese Form des Lernens, die die dargebotenen Lerninhalte vielfältig mit schon Bekanntem verknüpft, um daraus neues Wissen zu konstruieren, orientiert sich an den Thesen des *sozialen Konstruktivismus*: Wissen wird, jeweils abhängig vom Subjekt, im Akt des Erkennens aktiv und intersubjektiv konstruiert (vgl. [Gl85], [RM96]).

Die Schwierigkeit besteht nun darin, das Lernen so in Situationen einzubetten, beispielsweise durch die Einbindung in eine Geschichte, dass in dieser Situation die Verknüpfung von Neuem mit schon Vertrautem leicht fällt. Diese Forderung nach Lernumgebungen, die ein „situiertes Lernen" [RM98] ermöglichen, kann erfüllt werden durch eine reichhaltige kontextuelle Anbindung an die Lebenswelt der Lernenden. Bei CAPESSIMUS wird dies über die konkreten, lebenswelt-bezogenen Kontexte, die in den Kreuztabellen repräsentiert werden, erreicht: die Lernenden können anhand des authentischen Datenmaterials bedeutungsvolle Bezüge zum Alltag herstellen.

In der Praxis von Lehrveranstaltungen und Kursen zur Formalen Begriffsanalyse hat sich gezeigt, dass die formalen Aspekte oft gut verstanden wurden, aber das Zeichnen von guten Liniendiagrammen immer als Schwierigkeit empfunden wurde. Auch mit Anleitungen und Ratschlägen zum Zeichnen von Liniendiagrammen braucht das Erlernen dieser geradezu kunstfertigen Tätigkeit eine gewisse Zeit und Übung. Ausgehend von der Annahme, dass „*Lernen als konstruktive Aufbauleistung des Individuums*" [KS07, S. 111] vollbracht wird, wird mit CAPESSIMUS ein konstruktiv, entdeckender Lernprozess angeregt. Entlang der Thesen zum Einsatz von Lernspielen im Mathematikunterricht [Hom91, S. 4ff] soll dargestellt werden, wie CAPESSIMUS als Spiel zum Lernen eingesetzt werden kann.

Thesen zur didaktischen Begründung

1. Spielerische Lernangebote erhöhen die Bereitschaft zur Beschäftigung mit mathematischen Inhalten.

2. Lernspiele begünstigen soziales Lernen und fördern Kommunikation.

3. Mathematische Lernspiele regen an, eigene Strategien zu entwickeln.

4. Lernspiele ermöglichen die Entfaltung kreativer Fähigkeiten.

5. Mathematische Lernspiele sprechen vielfältige Bereiche des logischen Denkens und Handelns an, was für die mathematische Begriffsbildung nutzbar ist.

6. Mathematische Lernspiele regen zu eigenen weiterführenden Untersuchungen an.

7. Übungen in Form von mathematischen Lernspielen erzielen größere Aufmerksamkeit und sind damit effektiver.

Die Thesen sollen erklären, wie und warum CAPESSIMUS beim Erlernen des Zeichnens von Liniendiagrammen wirksam wird.

These 1. *Spielerische Lernangebote erhöhen die Bereitschaft zur Beschäftigung mit mathematischen Inhalten.*

Eine der stärksten Motivationen für das Aneignen von neuem Wissen ist den Spaß und die Freude an der Auseinandersetzung mit Lernsituationen zu wecken. Durch das Ansprechen des Spieltriebs kann dies sehr gut erreicht werden, bei Kindern noch ausgeprägter als bei Erwachsenen. Sich spielerisch, losgelöst von Zwängen, mit anregenden Inhalten und ästhetisch wie haptisch ansprechendem Material auseinander zu setzen, ist immer wieder neu ein interessanter Zeitvertreib. Die Kopplung mit Lerninhalten macht daraus ein motivierendes Lernspiel.

Bei CAPESSIMUS besteht das Spielmaterial aus festen weißen Papierbögen, auf denen jeweils eine Kreuztabelle und ein Rumpf-Diagramm, dass es zu vervollständigen gilt, vorgegeben sind. Kontext und Diagramm sind grafisch sorgfältig erstellt und gut lesbar wiedergegeben, um zur Auseinandersetzung mit dem Material einzuladen.

Durch die Kopplung an eine konkrete Anwendungssituation wird das Spielbeispiel als bedeutsam wahrgenommen, es ist kein „Pseudospiel", sondern hat einen ernsthaften und interessanten Hintergrund. Auch die Neuheit des Spiels schafft Freude, das Spielen im Kontext von Fortbildungen wird als Ausgleich zu Vortrags- und Theoriephasen gerne angenommen.

Die Regeln zum Vervollständigen der Diagramme sind schnell zu begreifen, das Mathematische wie z.b. das Ordnen von Begriffen wird in der Spielsituation ganz selbstverständlich ausgeführt.

These 2. *Lernspiele begünstigen soziales Lernen und fördern Kommunikation.*

Für einen nachhaltigen und vielfach einsetzbaren Wissenserwerb nimmt die Kommunikation im Lernprozess und die Auseinandersetzung über das Gelernte eine wichtige Rolle ein. Lernspiele sollen die dafür notwendigen Fähigkeiten fördern. „Innerhalb der Spielgruppe werden u.a. Fähigkeiten wie das Aufeinanderhören, Aufeinanderwarten, das Voneinanderlernen, das sachbezogene Argumentieren und die Bereitschaft, gegebene oder gewählte Regeln zu beachten." [Hom91, S. 5]

Auch beim Einsatz von CAPESSIMUS, das durchaus auch in Einzelarbeit durchgeführt werden kann, ergeben sich aus der Spieldynamik spannende Gruppenprozesse. Die Lernenden kontrollieren gegenseitig das Einhalten der Regeln, sie erteilen Rat und Hilfe, wenn andere nicht weiterkommen, über Vor- und Nachteile verschiedener Lösungswege wird argumentiert, Ergebnisse ausgetauscht und diskutiert. Die unterschiedlich guten Lösungen begünstigen die Kommunikation über die Diagramme als ordnende Strukturen als auch der dargestellten Situationen. Gerade die Verbindung einer formalen Darstellung mit einem Alltagszusammenhang verlangt den Erfahrungsaustausch und die Aktivierung von individuell unterschiedlichem Hintergrund- und Vorwissen, und ermöglicht allen mitzureden.

These 3. *Mathematische Lernspiele regen an, eigene Strategien zu entwickeln.*

Insbesondere bei Denk- und Strategiespielen, also Spielen, in denen die Spieler die konkrete Ausführung der Spielzüge selbst bestimmen müssen, wird eine verstärkte Entwicklung von Lösungsstrategien beobachtet. „Möglichkeiten für den Erwerb von Denkweisen bereitzustellen und sich nicht auf die Vermittlung von Denkinhalten zu beschränken" [Hom91, S.5] sieht Homann als wesentliche Forderung an. Hier kann CAPESSIMUS zur Entfaltung kommen, weil gerade das logische Denken in Begriffen, Beziehungen zwischen Begriffen und ihre grafische Darstellung in den Vordergrund gestellt wird, und nicht eine formalistische rein symbolische Bearbeitung.

Vier kognitive Fähigkeiten stellt Homann heraus, die in Strategiespielen besonders gefordert sind und auch in CAPESSIMUS eingesetzt werden: *Vorausschauendes und schlussfolgerndes Denken* ist gefragt, um Kreise als Darstellung für die Begriffe und verbindende Linien sinnvoll auf dem Papier anzuordnen. Beim Eintragen der Linien unter Beachtung der Transitivität wird solches Denken immer wieder angewendet. Ohne den Sachzusammenhang in Form des Kontextes und das vorgegebene Teildiagramm zu *analysieren* können die notwendigen Ergänzungen nicht vorgenommen werden. *Kombinieren* wird gebraucht, um neue Begriffe zu erkennen und die Abhängigkeiten der Gegenstände und Merkmale im Diagramm korrekt wiederzugeben. Im *Erkennen von Strukturen* liegt der Schlüssel zum Erfolg beim Vervollständigen der Diagramme. Die Ordnung der Begriffe als gestaltgebende Struktur muss erschlossen werden.

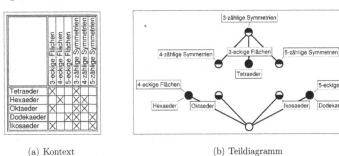

(a) Kontext   (b) Teildiagramm

Abbildung 5.5: Kontext und Teildiagramm „Platonische Körper"

Am Diagramm zu platonischen Körpern lassen sich diese kognitiven Fähigkeiten erläutern. Im Beispiel der Platonischen Körper in Abb. 5.5 hilft es wegen der ähnlich lautenden Merkmale besonders, die Kreuztabelle (Abb. 5.5(a)) sorgfältig zu *analysieren*, um neue Information zu gewinnen. So fällt auf, dass der Körper „Tetraeder" als einziger Gegenstand nur zwei Merkmale aufweist, die beide aber auch bei den Gegenständen „Oktaeder" und „Ikosaeder" vorkommen. Daraus kann man *schlussfolgern*, dass alle Merkmale, die auf den „Tetraeder" zutreffen, auch für „Okataeder" und „Ikosaeder" gelten. Somit wird *kombiniert*, dass die beiden halb gefüllten Kreise in der unteren Hälfte des Diagramms, beschriftet mit „Oktaeder" und „Ikosaeder", mit dem ganz gefüllten Label „Tetraeder" versehenen Kreis verbunden werden müssen, wie in Abb 5.6 gezeigt. Daran lässt sich *strukturell erkennen*, dass der Gegenstandsbegriff von „Oktaeder" und der Gegenstandsbegriff von „Ikosaeder" Unterbegriffe von dem Begriff sind, der durch den Gegenstand „Tetraeder" erzeugt wird.

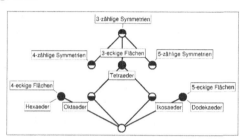

Abbildung 5.6: Eintragen von Strecken im Teildiagramm „Platonische Körper"

Werden dann noch die Strecken von „4-zählige Symmetrien" ausgehend zu „Hexaeder" und „Oktaeder" gezogen, sowie von „5-zählige Symmetrien" aus zu den Kreisen „Ikosaeder" und „Dodekaeder". erhält man das vollständige Diagramm wie in Abb. 5.7.

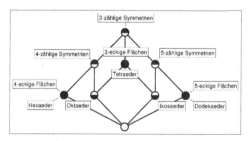

Abbildung 5.7: Vollständiges Diagramm „Platonische Körper"

Auch die Kommunikation über unterschiedliche Herangehensweisen beim Lösen der Aufgabe stärkt die Ausbildung von Strategien, wie man sich den gestellten Aufgaben nähern kann, wo sich ein Anfang finden lässt, ob man das Diagramm eher von unten nach oben oder umgekehrt entwickelt, ob man zuerst den Kontext weiter analysiert oder von vorgegebenen Begriffen im Diagramm aus weiterarbeitet.

These 4. *Lernspiele ermöglichen die Entfaltung kreativer Fähigkeiten.*

Flexibles und kreatives Denken ist eine Grundvoraussetzung, um komplexe Probleme zu lösen und so Sinnzusammenhänge herzustellen. Ein spielerischer Zugang kann die Freiräume schaffen, durch die Kreativität bei der Lösung der Spielaufgabe gefördert wird.

Um bei CAPESSIMUS überhaupt die Zusammenhänge der Begriffe erschließen zu können, müssen kreative Lösungsstrategien entwickelt werden, die dann ganz verschieden grafisch umgesetzt werden können. Das Spiel kommt ohne kreative Leistungen wie dem Ziehen von interpretierbaren Linien im Diagramm zur Darstellung der Oberbegriff-Unterbegriff-Ordnung und der ästhetischen Gestaltung der Diagramme nicht aus. Überlegungen, ob man zusätzliche Darstellungsmittel mit aufnimmt, oder gar den vorgegebenen Kontext erweitert und sich über die Auswirkungen auf die diagrammatische Darstellung Gedanken macht, sind alles kreativitätsfördernde Anlässe, die über den direkten Spielauftrag hinaus bei der Lösung der Aufgabe auftauchen.

These 5. *Mathematische Lernspiele sprechen vielfältige Bereiche des logischen Denkens und Handelns an, was für die mathematische Begriffsbildung genutzt werden kann.*

Spiele regen zum Nachdenken an und fordern aktives Handeln. Die Spielregeln legen die Grundlage für Strategien, die in weitere Überlegungen oder konkrete Spielhandlungen münden. Dabei werden zahlreiche logische Denkhandlungen aktiviert und Handlungserfahrungen gesammelt, die eine mathematische Begriffsbildung sehr gut vorbereiten.

Die Arbeit an den Diagrammen von CAPESSIMUS unterstützt die Bildung mathematischer Begriffe in vielfältiger Weise. Im formalen Kontext werden Gegenstände durch ihnen zugehörigen Merkmale beschrieben. Das *Zusammenfassen zu Mengen* und das Begreifen dieser Mengen als Gesamtheiten aller Gegenstände und aller Merkmale wird von den Spielern problemlos durchgeführt. Die Beschreibung der Zugehörigkeit eines Merkmals zu einem Gegenstand als *(Inzidenz)Relation*, die durch die Kreuze im Kontext dargestellt wird, ist ein weiterer Schritt der Begriffsbildung. Das Auffinden aller Merkmale, die bestimmten Gegenständen eigen sind, oder umgekehrt, die Bestimmung aller Gegenstände, die gewisse Eigenschaften haben, wird als Ausführung der *Ableitungsoperatoren* für die Gewinnung von Begriffen benötigt.

Im Weiteren geht es darum die Menge aller Begriffe mit der Unterbegriff-Oberbegriff-Relation zu *ordnen* und die *Begriffshierarchie* mit Hilfe der Diagramme darzustellen. Dafür ist das sorgfältige Lesen der im Kontext und *Diagramm* kodierten Informationen und die Umsetzung als neue Linien im Diagramm nötig. Häufig treten in der diagrammatischen Darstellung „räumliche" Strukturen wie z. B. ein Würfelnetz auf. Solche Strukturen zu erkennen und für die gute Darstellung gewinnbringend einzusetzen ist eine herausfordernde Aufgabe bei CAPESSIMUS.

> „Es kann als gesichert angenommen werden, daß durch die umfangreichen Handlungserfahrungen mathematische Begriffsbildungen ermöglicht und unterstützt werden (vgl. Bruner, Drewes, Gagne, Piaget)." [Hom91, S. 6]

Auf dem Weg zum vollständigen Diagramm erlernt man das Wesen von formalen Begriffen mit Umfang und Inhalt und die Begriffshierarchie als das gestaltende Element im Ordnungsdiagramm. Neue Begriffe aus dem Diagramm und dem Kontext abzuleiten wird geübt. Damit werden die Aspekte der Begriffsbildung, des Ordnens von Begriffen, des Strukturierens von Daten, der Formalisierung anahnd von Kreuztabellen und Diagrammen angesprochen, und so auch mathematische Grundvorstellungen aktiviert, und ein Einstieg in die Mathematisierung der Begriffsanalyse vorbereitet.

These 6. *Mathematische Lernspiele regen zu eigenen weiterführenden Untersuchungen an.*

Indem die Lernenden konkrete Spielsituationen verlassen, machen sie sich auf eigene Wege, erproben neu erworbenes Wissen an anderen Situationen, stellen Hypothesen auf, die an eigenen Beispielen getestet werden und arbeiten an der Übertragung auf andere Sachsituationen.

Die Anwendungssituationen in CAPESSIMUS, die durch formale Kontexte wiedergegeben werden, bieten vielfältige Anlässe zum Weiterdenken und zur Interpretation der Daten. Anregungen aus dem Vergleich mit anderen Darstellungen und dem Verknüpfen mit dem bisherigen Wissen über den Sachverhalt regen die Lernenden an, auch neue eigene Kontexte und Beispiele zu entwerfen, mit eigenen Liniendiagrammen zu experimentieren oder auch andere Formalisierungen für den gleichen Kontext auszuprobieren wie z.B. Baumdiagramme. Und auch die Neugier auf die Formale Begriffsanalyse, die mathematische Grundlagen und Vertiefungen liefert, wird geweckt.

Auch die Beispiele bei CAPESSIMUS regen zum Entdecken und eigenen Untersuchungen an. So kam bei dem Beispielkontext der „Bundespräsidenten" (vgl. Abb. 5.8(a)) die Frage auf, warum der amtierende Bundespräsident Köhler nicht mit aufgeführt ist.

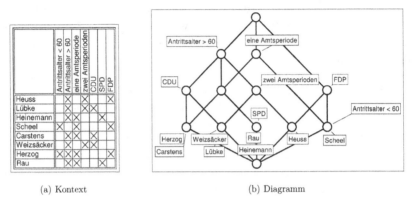

(a) Kontext   (b) Diagramm

Abbildung 5.8: Kontext und Liniendiagramm „Bundespräsidenten"

Der Grund ist, dass nur Bundespräsidenten, deren Amtzeit schon vorbei ist, im Kontext vorkommen, und die auch den Merkmalen „eine Amtszeit" oder „zwei Amtszeiten" eindeutig zugeordnet werden können. Trotzdem wollte eine Gruppe von Lernenden ausprobieren, wie sich das Diagramm (vgl. Abb. 5.8(b) verändert, wenn der Kontext um den Eintrag mit den passenden Angaben zu Präsident Köhler ergänzt wird (vgl. Abb. 5.9(a)).

Im Diagramm macht sich die neue Zeile des Kontextes nur in der Beschriftung bemerkbar: der Name „Köhler" wird am Begriff mit den Merkmalen „Antrittsalter > 60", „eine Amtsperiode" und „CDU" als Umfang aufgelistet (vgl. Abb. 5.9(b)). Dass sich am Liniendiagramm strukturell nichts ändert, liegt daran, dass schon die beiden ehemaligen Bundespräsidenten „Herzog" und „Carstens" die gleiche Merkmalskombination besitzen und einen Begriff prägen. Auch eine zweite Amtsperiode von Köhler würde das Diagramm strukturell nicht beeinflussen, sondern das Label nur zum Begriff rechts daneben verschieben. Erst Bundespräsidenten aus anderen Parteien oder mit Antrittsalter unter 60 Jahren aus anderen Parteien als der FDP würden zu neuen Begriffen im Diagramm führen.

Es wäre zu viel verlangt, wenn mit der Kenntnis über Liniendiagramme auf dem Niveau von CAPESSIMUS erwartet würde, dass selbstständig Begriffsverbände aus eigenen

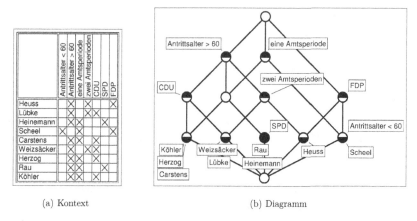

(a) Kontext (b) Diagramm

Abbildung 5.9: Erweiterter Kontext und erweitertes Diagramm „Bundespräsidenten"

Kontexten erstellt werden könnten. An dieser Stelle des Lernens ist noch kein Verfahren bekannt, wie formale Begriffe systematisch aus einem Kontext gebildet werden können. Doch CAPESSIMUS kann durch einige Erweiterungen ein anspruchsvolles Spiel werden, dass verstehen lässt, wie man komplette Liniendiagramme aus der Kontextinformation erhält. Dafür ist es nötig, dem Lernenden zunehmend schwierigere Beispiele zu geben, d.h. unvollständige Liniendiagramme, in denen immer weniger vorgegeben wird und mehr von den Lernenden selbst zu erarbeiten ist. So wäre es denkbar, nicht nur die Linien im mittleren Diagrammbereich, sondern auch einzelne oder mehrere Begriffe weg zu lassen, die dann ergänzt werden müssen. Um solche Aufgaben lösen zu können, werden zusätzliche Informationen über Begriffe und ihre Struktur benötigt. Die Schritte wären nicht mehr so intuitiv und selbsterklärend, dennoch reizvoll in zukünftigen Lernsituationen zu erproben.

These 7. *Übungen in Form von mathematischen Lernspielen erzielen größere Aufmerksamkeit und sind damit effektiver.*

Vor allem erhofft man sich durch den Einsatz von Lernspielen eine höhere Motivation und dadurch eine stärker Aktivität von allen Lernenden (vgl. [KS07]). Erfahrungen aus Seminaren und Fortbildungen bestätigen dies. Auch ohne Vorerfahrungen in Formaler Begriffsanalyse und diagrammatischen Darstellungen sind auch Fachfremde durch den spielerischen Zugang motiviert, die Diagramme zu zeichnen und darüber zu verstehen, wie solche Darstellungen anzufertigen sind. Die Begeisterung wird zum Ansporn, die Aufgaben schnell zu lösen, und dabei die Diagramme auch gut lesbar, schön und elegant zu vervollständigen. Manchmal entsteht daraus ein regelrechter Wettbewerb mit anderen Teilnehmern. Aus dieser Aktivität entsteht wiederum Spaß an der Mathematik und ggf. Beschäftigung mit Formaler Begriffsanalyse.

Die Einbettung in einen lebensweltlichen Kontext ist von wesentlicher Bedeutung bei der Arbeit mit CAPESSIMUS. Ein inhaltlicher Bezug kann so schnell hergestellt werden und die vorgefertigten, aber unvollständigen Diagramme werden gerne als Übungen angenommen. Viel schwerer fällt es, sowohl aus mathematischer als auch aus motivationaler Sicht, wenn Diagramme vollständig ohne Vorgabe selbst erstellt werden sollen. Das ansprechend gestaltete Spielmaterial bringt auch mehr Sorgfalt beim Ausfüllen und Vervollständigen der Diagramme. In Bezug auf sauberes Arbeiten und übersichtliche Darstellung werden bessere Lerneffekte erzielt, als dies bei eigenen, freien Zeichnungen von Diagrammen (vgl. Abb. 5.10) der Fall wäre. Die Vorgaben stützen die Erstellung der Diagramme und ein intensives, wenig spannendes Nacharbeiten oder gar Neuzeichnen von vollständigen, aber unübersichtlichen Diagrammen entfällt. So wird das vorgegebene Diagramm „Farben" (vgl. Abb. 5.11(a)) immer unter Einsatz von Parallelogrammen vervollständigt. Die Verwendung von Parallelogrammen ist immer eine gute Strategie, um sehr übersichtliche Liniendiagramme zu zeichnen, wie am Ergebnis in Abb. 5.11(b) zu sehen ist. Ein freies Arbeiten ohne Vorgaben führt dagegen oftmals zu unregelmäßigen Liniendiagrammen, die einer Überarbeitung bedürfen (vgl. Abb. 5.10).

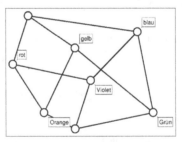

Abbildung 5.10: Beispiel eines Liniendiagramms zum Kontext „Mischfarben" mit unregelmäßiger Streckenführung

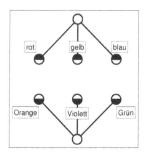 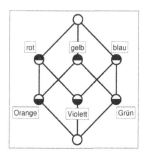

(a) Ein Beispiel in CAPESSI-MUS: Liniendiagramm „Farben"

(b) Beispiel des Liniendiagramms mit Parallelogrammen gezeichnet

Abbildung 5.11: Liniendiagramme „Mischfarben"

Das Vorhaben, mit CAPESSIMUS zu erfahren, wie gute Liniendiagramme entwickelt werden und wie damit gearbeitet werden kann, wird durch diese Thesen gestützt und durch erste Erfahrungen in Lehrveranstaltungen und Lehrerfortbildungen bestärkt. Das Spiel CAPESSIMUS schafft, in Hinblick auf eine allgemeine mathematische Bildung Wirkung zu erzielen, indem Formales mit Inhaltlichem, konkretes Arbeiten mit mathematischen Überlegungen verknüpt werden.

„Die Entwicklung kreativer Problemlösungsansätze in Verbindung mit kombinatorisch-logischem Denken hat in allen Wissenbereichen und Berufsfeldern grundlegende Bedeutung für überlegtes, zielgerichtetes Handeln." [MW97, S. 1]

5.4 Aktivierung von mathematischen Denkhandlungen

Im Seminar „Allgemeine Mathematik", das in den 90er Jahren am Fachbereich Mathematik der TU Darmstadt aktiv war, wurden viele Versuche unternommen, den Kern der Mathematik zu begreifen, und zu verstehen, was von der Mathematik im Alltag ein Rolle spielt, welche mathematischen Kompetenzen in unserem Alltag überhaupt wichtig sind.

Eine wichtige Lektüre war hierzu Martin Heideggers „Die Frage nach dem Ding" [Hei62].

Dort wird der Begriff des „Mathematischen" entfaltet. Heidegger sieht das Mathematische

- als Formgebung unserer Gedanken und Begriffe,

- als Präzisierung und Verbegrifflichung von Gedanken,

- als Begreifen und Verstehen im Sinne von „zur Kenntnis nehmen" und Lernen von Dingen und von Welt und ihrem sinnhaften Gebrauch (vgl. [Hei62, S. 53]).

Das Mathematische können wir demnach als etwas begreifen, was *vor* der Mathematik da ist, eine Vorstufe zur Mathematik. Das Mathematische ist eine formale Denkweise, die jeder Mensch unbewusst und in vielen Bereichen seines Lebens anwendet. Bestimmte Aspekte des Mathematischen werden dann in der Mathematik aber auch in anderen Lebensbereichen, z.b. der Musik, weiter entfaltet und präzisiert, andere hingegen nicht.

Das Mathematische lebt also in der Welt der „aktualen Realität" [Pe92, S. 121], wie Charles Sanders Peirce es ausdrücken würde, also einfach in der Welt, die wir sinnlich wahrnehmen und erleben, die Mathematik aber lebt in der Welt der „potentiellen Realität", also der Welt der Gedanken, Ideen und der abstrakten Welt.

Mit diesem Verständnis vom Mathematischen machten sich die Teilnehmer des Seminars „Allgemeine Mathematik" daran, mathematische Denkhandlungen zu identifizieren und besser zu verstehen. Entstanden ist in diesem Arbeitsprozess eine intensiv diskutierte Liste mit mathematischen Denkhandlungen und später ein Reader mit Auszügen aus Lexika mit dem Titel „Mathematischen Denkhandlungen wie Ordnen – Strukturieren – Mathematisieren". So wurde der Versuch unternommen durch Rückgriff auf bewährte Standard-Nachschlagewerke typische Denkhandlungen genauer zu beschreiben und zu unterscheiden und in ihrer Bedeutung für mathematisches Denken einschätzen zu lernen.

In verschiedenen Arbeiten wurde schon dargelegt, wie Denkhandlungen durch Begriffliche Wissensverarbeitung unterstützt werden können. So arbeitet Wille in seinem Beitrag „Begriffliche Wissensverarbeitung: Theorie und Praxis" eine Liste von zwölf Denkhandlungen in Anwendungssituationen aus (vgl. 3.3.1), wie z. B. „Suchen" im System von Suchaktionen zu Baurecht und Bautechnik, „Erkunden" mit dem TOSCANA-Erkundungssystem zur Literatursuche, „Entscheiden" bei der Entscheidungsunterstützung bzgl. Schwimmverbot in Trinkwasserspeichern in Ontario (vgl. [Wi00a]). Schon in der Arbeit „Begriffliche Datensysteme als Werkzeuge der Wissenskommunikation" zeigte Wille anhand von fünf Gruppen von Denkhandlungen auf, welche Kognitiven Handlungen durch den Einsatz von

Begrifflicher Wissensverarbeitung noch unterstützt und ausgeführt werden können (vgl. [Wi92b]).

Im Folgenden soll jedoch der Fokus darauf gerichtet werden, welche Denkhandlungen auf dem Weg zur Erstellung von Liniendiagrammen als Produkt der Begrifflichen Wissensverarbeitung und beim Zeichnen von Liniendiagrammen, insbesondere beim Arbeiten mit CAPESSIMUS, aktiviert werden müssen (vgl. Tabelle 5.1).

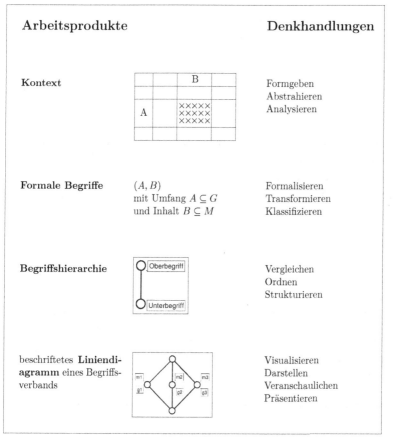

Tabelle 5.1: Zusammenstellung von Arbeitsschritten vom Kontext bis zum Liniendiagramm und dafür einzusetzende Denkhandlungen

5.4.1 Denkhandlungen auf dem Weg zum Liniendiagramm

Von der Lebenswelt zum Kontext

In unserem Leben werden wir ständig mit einer Flut von Daten überschüttet. Dabei treten Daten unterschiedlicher Form auf, z. B. sammeln wir Längen oder Zeitabschnitte, die einem bestimmten Gegenstand oder einem bestimmten Zustand zugeordnet werden, oder es wird, wie z. b. bei Wahlen, die Anzahl der Stimmen gezählt (Ausprägungen von Messgrößen), oder zeitlich-historische Daten wie Jahreszahlen, Datumsangaben oder einfach nur die einem Gegenstand oder einem Zustand zugeordneten Eigenschaften und Merkmale. Schon das Aufschreiben dieser Daten stellt eine gewisse *Formgebung* dar: Es werden bestimmte Reihenfolgen gewählt, für die Längenangaben Zahlen und Einheiten, für die Datumsangaben die konventionalisierte Kalendereinteilung und Datumsschreibweise, etc. Meistens werden Daten zu einem gewissen Zweck erhoben, d. h., man erhebt Daten, um festzustellen, ob zwischen diesen Daten Zusammenhänge bestehen, um Vergleiche vornehmen zu können, Informationen über benötigtes Material zu erhalten, Größen zu berechnen, etc. Eine Datensammlung stellt somit eine Beschreibung der Umwelt, die es dann ermöglicht, Entscheidungen zu treffen und Konsequenzen für das weitere Handeln dar. Dafür ist es vorteilhaft, die gesammelten Zusammenhänge und Zuordnungen in eine bestimmte *Form* zu bringen, um diese Daten weiter zu auszuwerten und zu verarbeiten, d. h. dem Zweck der Datenerhebung näher zu kommen.

Welche Form gewählt wird, hängt im Wesentlichen vom Ziel und Zweck der Formalisierung für die Anwendung ab. Es sind sehr vielfältige Zwecke denkbar, die zu einer Datentabelle führen:

- Die (komplexen) Sachverhalte sollen (in einfacher Form) festgehalten werden.

- Die Daten sollen „fassbar" und damit allgemein zugänglich gemacht werden, d. h. man bemüht sich, die Daten übersichtlich aufzutragen, oder um eine Veranschaulichung durch Tabellen o. ä.

- Die in den Daten verborgenen Zusammenhänge, Abhängigkeiten sollen sichtbar gemacht und dargestellt werden.

- Um eine Grundlage für die Vergleichbarkeit von Daten zu erreichen, werden sie in eine einheitliche Form gebracht.

- Man will aus den gegebenen Daten Informationen und Konsequenzen für das weitere Handeln ableiten.

- Die Tabellen sollen helfen, die Daten zu strukturieren.

- Aus den Tabellen können Abhängigkeiten erkannt und herausgearbeitet werden.

- Indem man vielschichtige Daten in eine gemeinsame Form und Ausgangsposition bringt sollen sie für eine Weiterbearbeitung im Sinne einer Analyse, Visualisierung oder Mathematisierung vorbereitet werden. Um dies zu erreichen, müssen oft auch schon einige der aufgeführten Zwecke verfolgt werden.

Eine im Alltag sehr verbreitete und nützliche Methode der Formgebung ist, Daten in Tabellen darzustellen. Dabei bietet sich eine Fülle von Möglichkeiten, wie solche Datentabellen aussehen können. In sehr vielen Situationen ist die Darstellung als Kreuztabelle wie in Abb. 5.12 sehr gut geeignet, da dort relativ einfach und übersichtlich Informationen eingetragen werden können.

Solche Datentabellen sind in einem gewissen Umfang auch formal zugänglich und bearbeitbar: So können Spalten und Zeilen umgeordnet, Zusammenfassungen oder neue Unterteilungen vorgenommen oder auch die Summe der Zeilen- oder Spalteneinträge bei numerischen Einträgen gebildet werden. Diese Arbeiten lassen sich mit den heute üblichen Tabellenkalkulationsprogrammen alle ohne großen Aufwand durchführen.

Durch das Niederschreiben der Informationen in Kreuzchentabellen *geben* wir den Daten eine *Form*, sie „bezeichnet zunächst den Umriß, die äußere Gestalt, dann aber auch den inneren Aufbau, das Gefüge, die bestimmte und bestimmende Ordnung eines Gegenstandes oder Prozesses zum Unterschied von seinem „amorphen" Stoff" [Kr91, Stichwort „Form"].

Aber auch schon die Kreuztabelle selbst, die Anordnung der Gegenstände und Merkmale, die Repräsentation der Relation „Gegenstand hat Merkmal" durch ein Kreuz, das Erkennen von Mustern und Denken in Mustern von Kreuzen sind typisch für die Formgebung.

Die große Schwierigkeit der Formgebung liegt in der Übertragung der Daten in eine Form: Probleme bereitet die geeignete Auswahl der Tabellenform und der einzutragenden Gegenstände, Merkmale, Eigenschaften und Messgrößen, da eine Beschränkung auf die interessanten Aspekte notwendig ist und somit immer eine Auswahl getroffen werden muss.

	benötigt Wasser zum Leben	lebt im Wasser	lebt auf dem Land	hat Blattgrün	ist zweikeimblättrig	ist einkeimblättrig	ist zum Ortswechsel fähig	hat Gliedmaßen	säugt seine Jungen
Fischegel	X	X					X		
Brasse	X	X					X	X	
Frosch	X	X	X				X	X	
Hund	X		X				X	X	X
Wasserpest	X	X		X		X			
Schilf	X	X	X	X		X			
Bohne	X		X	X	X				
Mais	X		X	X		X			

Abbildung 5.12: Datentabelle zum Lehrfilm „Lebewesen und Wasser"

Das bedeutet also, dass sich in den Tabellen immer eine Vereinfachung und Verkürzung von Welt findet, d. h. man kann nur einen Ausschnitt daraus formalisieren, nämlich gerade denjenigen, für den man sich – zweckbestimmt – interessiert.

In jeder Datentabelle steckt auch *Abstraktion* und *Verallgemeinerung*: Im Hinblick auf den vorgegebenen Zweck versucht man die vorliegenden Daten in ein *allgemeines* Schema zu bringen, d. h. die Daten in einer speziellen Art und Weise aufzuschreiben, und überzugehen zu einer *verallgemeinerten Form*, die allgemein akzeptiert und verstanden wird. Das Abstrakte erscheint „vom sinnlich Wahrgenommenen gelöst" [Mey92, unter „abstrakt"].

> „Welche Merkmale für wesentlich gehalten werden, hängt einerseits von der sachlichen Fragestellung, andererseits von Aufmerksamkeit, Interesse, Einsicht und Bildung ab." [Br74, unter „Abstraktion"]

Man läßt die äußeren Umstände, die eigene Erfahrung und Intuition miteinfließen, beschränkt sich nicht nur auf das Erkennen von Gemeinsamkeiten des Vorliegenden wie bei der Verallgemeinerung. Dadurch wird die Abstraktion zum bedeutenden „Mittel der Begriffsbildung" [Kr91, unter „Abstraktion"].

Bei der Beschreibung der Anwendungssituation durch Datentabellen in CAPESSIMUS wird von der engen Verflechtung mit der Lebenswelt und vielfältigen Bezügen innerhalb unserer Sprache abstrahiert, man schaut auf einen bestimmten Ausschnitt der Welt, der von Interesse ist, um einen bestimmten Zweck zu erreichen. Der formale Kontext legt diesen Interessensbereich fest, mit der Gegenstandsmenge werden die interessanten Objekte festgeschrieben, in der Merkmalsmenge die zugehörige Eigenschaften gesammelt.

In dem Prozess von der Anwendung zum Kontext müssen die „wesentlichen Merkmale von den unwesentlichen" [Br74, Stichwort „abstrahieren"] abgesondert werden. Im Beispielkontext, der auf der Grundlage eines ungarischen Lehrfilm zum Thema „Lebewesen und Wasser" entstand, zeigt sich sehr schön, was dies heißt: Als Gegenstände sind nur Lebewesen aufgeführt, die dem Erfahrungsfeld der Schülerinnen und Schüler entspringen und die besonders die Unterschiede in Hinblick auf die verwendeten Merkmale darstellen können (vgl. Abb. 5.12). Viele andere Lebewesen und ihre Eigenschaften sind jedoch nicht im Kontext enthalten, um den Sachverhalt Lebewesen und Wasser überschaubar zu halten.

Die *Abstraktion* steckt im Loslösen von konkreten Inhalten, die insbesondere bei der (mathematischen) Weiterverarbeitung bedeutsam wird. Das bedeutet, man interessiert sich dann nur noch für die herausgearbeitete Form. Dies wird im Abschnitt 5.4.1 noch weiter ausgeführt.

Die Kreuztabellen werden als formale Kontexte in Form eines Tripels (G, M, I) bestehend aus einer Menge von Gegenständen G, einer Menge von Merkmalen M und eine diese beiden Mengen verbindende Inzidenzrelation I dargestellt (vgl. Abschnitt 2.2). Diese mathematischen Strukturen sind *Abstraktionen*, die nun in der mathematischen Sprache formuliert werden. Symbole ersetzen die vormals alltagssprachlich formulierten Gegenstände und Merkmale und ermöglichen so den Einsatz mathematischer Operationen für die weitere Arbeit.

Auch bei CAPESSIMUS muss man sich auf den gegebenen Kontext einlassen, also auch hier von der Fülle der lebensweltlichen Bezüge und eigenen Assoziationen absehen und sich auch auf die vorgegebene Datentabelle einlassen. So denkt sicherlich jeder im Beispiel „Lebewesen und Wasser" noch an ein weiteres Tier, das aber in dieser Datentabelle nicht aufgeführt ist.

Das weitere Verfahren mit den Daten und die spätere Umsetzung in Liniendiagramme erfordert eine eingehende *Analyse*. Um bei CAPESSIMUS die fehlenden Linien im Diagramm ergänzen zu können, muss anhand der Datentablle analysiert werden, welche Gegenstände und Merkmale mit Linien zusammengeführt werden sollen. Dafür ist es notwendig, den Ausgangskontext zu *analysieren*, die darin kodierte Information zu „zergliedern" [Br74, Stichwort „analysieren"] und die Einzelteile (einzelne Zeilen und Spalten, einzelne Kreuze) auf neue Information hin zu untersuchen. Ausgehend von einem Gegenstand kann über die Kreuze in der Datentabelle verfolgt werden, mit welchen Merkmalen dieser Gegenstand im Liniendiagramm über Strecken verbunden sein muss. Jedoch muss die Analyse der Kreuzchentabelle auch berücksichtigen, dass nicht jedes Kreuz in der Tabelle direkt zu einer Linie führen muss, da redundante, durch Transitivitätsüberlegungen erschließbare Linien weggelassen werden.

Betrachtet man im Beispiel „Lebewesen und Wasser" in Abb. 5.12 die Zeilen zu den Gegenständen „Wasserpest" und „Schilf", so fällt auf, dass sich diese beiden Pflanzen nur in einem Merkmal unterscheiden: „Schilf" hat das zusätzliche Merkmal „lebt auf dem Land". Diese Analyse verrät, dass diese beiden Pflanzen im Liniendiagramm nicht unter den gleichen Begriff fallen werden, aber aufgrund ihrer sonst gleichen Merkmalsstruktur in einer Oberbegriff-Unterbegriff-Beziehung stehen werden, wie im weiteren Text noch ausgeführt wird. Bei der Verteilung der Kreuze fallen zwei größere Felder in der Datentabelle auf (oben Mitte und unten rechts), in denen für eine ganze Gruppe von Lebewesen keine Kreuze eingetragen sind. Dies kommt später im Liniendiagramm durch eine sichtbare Gliederung in zwei fast getrennte Teilstrukturen zum Ausdruck.

Vom formalen Kontext zu den formalen Begriffen

Um die formalen Begriffe aus dem formalen Kontext ableiten zu können, ist eine Formalisierung Voraussetzung, in der eine formale Beschreibung für die Anwendungssituation gefunden und die Durchführung einer Transformation und Klassifikation ermöglicht wird.

Den ersten Schritt zu einer guten Formalisierung stellt dabei die *Beschreibung von Aspekten der Welt mit sprachlichen Mitteln* dar, allgemein gesprochen werden Aspekte der Welt symbolisch repräsentiert, hier durch Gegenstände, Namen, Zahlen, Eigenschaften u. ä. In einem zweiten Schritt kann man dieser *Beschreibung eine Form geben*, wie in Abschnitt 5.4.1 beschrieben, und somit zu einer *formalen Beschreibung* übergehen, die dann mit weiteren formalen Mitteln analysiert werden kann. In der wissenschaftlichen Welt zielt dieser Übergang mit der Schaffung einer Symbolsprache zumeist auf eine *Automatisierung oder Standardisierung* des Gedankens oder Vorgangs ab. Im Alltag begnügt man sich meist mit der Formgebung, die bei der Zweckerfüllung schon sehr hilfreich sein kann. Deswegen soll hier auch nicht weiter auf den Aspekt der Automatisierung und

Standardisierung eingegangen werden. Auf der Stufe der Formalisierung können über die Weiterverarbeitung und das Arbeiten mit der Form Ergebnisse gewonnen werden, die in einem letzten Schritt, der *Interpretation der Formalisierung*, mündet, d. h. man schließt mit Hilfe der aus der Formalisierung gewonnenen Ergebnisse auf die Ausgangssituation zurück und kommt dadurch dem Ziel und Zweck der Formalisierung näher.

Durch die Formalisierung eines Vorgangs will man erreichen, dass dieser überschaubarer, für alle Beteiligten leichter erfassbar und auch kommunizierbar wird. Im Brockhaus heißt es dazu:

> „Formalisierung [ist] ein (semantisches) Verfahren, in welchem die natürliche Sprache nach genau verabredeten Bestimmungen in eine Kunstsprache umgewandelt und in einem Zeichensystem dargestellt wird. Es will damit präzisieren, Mißverständnisse und Mehrdeutigkeiten der natürl. Sprache ausschalten. Durch F. sind die Kunstsprachen der Mathematik, Physik, Logik, heute auch der Soziologie, Psychologie, Sozialwissenschaften u.a., entstanden. Der F. dient auch die Konstruktion von Programmsprachen elektron. Datenverarbeitungsanlagen." [Br74, Stichwort „Formalisierung"]

Bei einer Formalisierung, d. h. dem Übertragen von (natürlicher) Sprache in eine *formale Sprache*, werden Regeln festgelegt, wie die Übersetzung stattfinden soll. Gerade auch die angesprochenen Erfahrungen und der kulturelle Hintergrund spielen bei der Festlegung der Regeln ein große Rolle und müssen sich in der Formalisierung auch niederschlagen.

Die Intention einer formalen Sprache liegt darin, präziser und „genormter" ausdrücken zu können, was man sagen möchte. Die „Mißverständnisse und Mehrdeutigkeiten der natürlichen Sprache [will man] ausschalten." [Br74, Stichwort „Formalisierung"] Um dies zu erreichen, muss man die große Fähigkeit der natürlichen Sprache, in ihrer Vielschichtigkeit und Mehrdeutigkeit sehr komplexe Sachverhalte zusammenfassen zu können und in ihr sprachlich einfach kommunizieren zu können, aufgeben und zu einer formalen Sprache kommen, in der vollkommen klar ist oder festgelegt werden muss, was man mit bestimmten Begriffen, Aussagen, „Satzgefügen", Terme und Formen meint, damit die Präzisison erreicht wird, die man sich von der Formalisierung erwartet. Die allgemeine Verständlichkeit und die Möglichkeit zu kommunizieren soll erhalten bleiben bzw. ausgebaut werden. Das heißt, die formale Sprache soll genau die Unzulänglichkeiten der natürlichen Sprache vermeiden und für präzisere, klarere und damit „bessere" Kommunikation sorgen, was jedoch die Festlegung eines allgemein akzeptierten Zeichensystems voraussetzt. Trotzdem verwendet man, um sich zu unterhalten, keine formale Sprache, sondern Alltagssprache, weil man ihre Vielschichtigkeit ausnützen will und benötigt, um sich zu verständigen. Das bedeutet, dass die formale Sprache nur dann zum Einsatz kommt, wenn der Zweck der Präzision erfüllt und damit das Ziel der Automatisierung und Standardisierung erreicht werden soll.

Sind Daten erst einmal formalisiert, ist es mit den Werkzeugen einer formalen Sprache dann auch möglich, sie weiterzuverarbeiten. So eröffnen sich auch für die *Mathematisierung* von Datentabellen (vgl. Kapitel 2), als eine Art der Weiterverarbeitung, sehr viele Möglichkeiten, abhängig vom angestrebten Zweck. Allerdings kann bei der Weiterverarbeitung von Formalisierungen, wie z. B. beim Mittelwert, auch wichtige Information verloren gehen, da der Sachverhalt weiter vereinfacht oder abstrahiert wird.

Die Formalisierung von Daten in Tabellenform dient aber auch als Grundlage für die Visualisierung von Daten, z. B. in Form eines Graphen.

Obwohl man beim Formalisieren abstrahiert und verallgemeinert, ist es notwendig, dass eine *eindeutige Rückführung* der Formalisierung möglich ist. Das bedeutet, dass man aus einer Formalisierung alle wesentlichen Informationen ablesen und wiedererhalten können muss, die man eingangs auch hatte. Darüberhinaus sollten Formalisierungen auch immer noch die *inhaltliche Interpretation* zulassen, d. h. es sollte möglich sein aus der Formalisierung oder Weiterverarbeitung heraus sagen zu können, was diese – inhaltlich – in Bezug auf den Ausgangsgedanken und den angestrebten Zweck bedeuten. Das bedeutet also, solange man im Prozess der Formalisierung steckt, versucht man, von den Inhalten zu abstrahieren. Für die Festlegung des Zweckes, also die Entscheidung, was man mit der Formalisierung machen will, und für eine *gute Form*, d. h. eine Formalisierung, die eine inhaltliche Interpretation erlaubt, ist natürlich Wissen über die konkreten Inhalte notwendig.

Entsprechend dem Ziel der Erhebung der Daten, sollen nun aus den Tabellen Rückschlüsse gezogen werden. Das bedeutet, dass die aus der Form einer Tabelle gewonnenen Ergebnisse auf ihre Bedeutung für die Ausgangssituation hin interpretiert werden sollen. Dies ist natürlich nur dann möglich, wenn die Ausgangssituation im Hintergrund immer präsent ist und bei Bedarf aktiviert werden kann. Eine *gute Formalisierung* sollte muss es ermöglichen, die Ausgangsdaten aus der Form heraus zu rekonstruieren. Allerdings ist dies, abhängig vom Untersuchungszweck, nicht immer nötig.

Bei CAPESSIMUS findet ein Übergang von der lebensweltlichen Beschreibung mit natürlicher Sprache zur symbolischen, abstrakten und damit formalen Beschreibung von Gegenständen und Merkmalen als Elementen von Mengen und mit einer Inzidenzrelation, die die Verbindung zwischen beiden Bereichen beschreibt, nur im Hintergrund statt. Durch die Formalisierung wird die mathematische Weiterverarbeitung der Daten zu Liniendiagrammen möglich. Die Erstellung des Spielmaterials für CAPESSIMUS setzt die Kenntnis dieser Mathematisierung voraus. Beim Arbeiten mit unvollständigen Liniendiagrammen muss sich der Lernende aber auch auf die vorgenommene Formalisierung einlassen sowie die Datentabellen als Repräsentation eines Weltausschnittes und die formalen Regeln für Liniendiagramme akzeptieren.

Der Übergang von einer Datentabelle zum Liniendiagramm bedeutet eine *Transformation* der Daten: Aus einzelnen Gegenständen und den ihnen eigenen Merkmalen werden Begriffe gebildet, die mehrere Gegenstände und Merkmale zu Denkeinheiten zusammenfassen. Mit der Formalen Begriffsanalyse wird eine Methode der „systematische Einteilung oder Einordnung von Begriffen, Gegenständen, Erscheinungen u.a. in Klassen" [Mey92] angeboten. Gegenstände, „die durch gemeinsame Merkmale miteinander verbunden sind" [Br74] werden in Begriffen zusammengefasst. In diesem Prozess der „Umgestaltung" [Mey92] bekommen die Daten eine neue Gestalt. Bei CAPESSIMUS muss dieser Prozess ein Stück weit nachvollzogen werden, indem ausgehend von einem Kreuz in der Datentabelle, das einen Gegenstand mit einem Merkmal verbindet, der Kreis im Liniendiagramm gefunden werden muss, der dieses Kreuz in seinem Begriff mit einschließt.

Aber auch Liniendiagramme selbst unterliegen im Entstehensprozess einer ständigen Transformation, z. B. werden Hilfslinien eingetragen und später wieder gelöscht. Aber auch bei der Erfüllung aller strukturellen Bedingungen in einem fertigen Liniendiagramm, beginnt erst die Arbeit an einer *guten* Darstellung, die es erfordert, Teile des Diagramms zu verschieben und Linienführungen anzupassen, sodass z. B. Überschneidungen von Linien mit Kreisen vermieden werden und somit gut lesbare Diagramme entstehen.

Begriffe lassen sich im Kontext auch als maximale Rechtecke von Kreuzen auffinden (vgl. Tabelle 2.2), indem man Zeilen und Spalten als Ganzes passend so vertauscht, dass solche Blöcke von Kreuzen entstehen. In diesem Vorgang steckt der Prozess der *Synthetisierung* von Begriffen als Denkeinheiten, die sich aus Gegenständen und Merkmalen zusammensetzen.

Vertauscht man im Kontext 5.12 des Beispiels die Spalten mit den Merkmalen „lebt im Wasser" und „hat Blattgrün", so entsteht unten links ein Rechteck, ausgefüllt mit Kreuzen, das auch durch weitere Vertauschungen von Zeilen oder Spalten nicht vergrößert werden kann. Dieses Rechteck steht für den Begriff, den wir „auf dem Land lebende Pflanzen" nennen können (vgl. Abb. 5.13).

	BENÖTIGT WASSER ZUM LEBEN	HAT BLATTGRÜN	LEBT AUF DEM LAND	lebt im Wasser	ist zweikeimblättrig	ist einkeimblättrig	ist zum Ortswechsel fähig	hat Gliedmaßen	säugt seine Jungen
Fischegel	X			X			X		
Brasse	X			X			X	X	
Frosch	X		X	X			X	X	
Hund	X		X				X	X	X
Wasserpest	X	X		X		X			
SCHILF	X	X	X	X		X			
BOHNE	X	X	X		X				
MAIS	X	X	X			X			

Abbildung 5.13: Datentabelle mit vertauschten Spalten

Die Begriffe werden im Begriffsverband über die Oberbegriff-Unterbegriffsrelation zu einer Gesamtschau der Begriffe *zusammengesetzt*, indem die Begriffe nacheinander jeweils durch einen Kreis dargestellt werden, diese dann mit Streckenzügen verbunden und mit Gegenstands- und Merkmalsnamen beschriftet werden.

„Die bewußt geübte Synthese ist die der Analyse entgegengesetzte, diese ergänzende Methode zur Gewinnung von Erkenntnissen" [Br74]. So ist die *Synthese* der Begriffe im Liniendiagramm ein wichtiger Schritt, um die Daten und insbesondere ihre logische Struktur besser zu verstehen. Durch das Erscheinungsbild im Liniendiagramm mit bestimmten Mustern und Symmetrien entsteht ein Gesamtbild der Datenstruktur, das als solches auch leicht einprägsam ist und wiedergegeben werden kann.

Mit den formalen Begriffen zur Begriffshierarchie

Das *Anordnen* von Begriffen, die aus dem Kontext abgeleitet wurden, und Linien im Diagramm, die die Struktur der Daten wiedergeben, ist eine anspruchsvolle Aufgabe. Viele Heuristiken und Algorithmen können dabei behilflich sein, letztlich ist es aber auch eine Trainings- und Erfahrungssache. Gerade die Betonung von bestimmten Teilen eines Verbandes durch das Anordnen von Begriffen auf eine Ebene oder in parallelen Strukturen ist nur schwer formalisierbar.

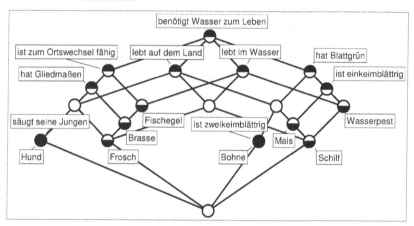

Abbildung 5.14: Liniendiagramm zur Datentabelle 5.12 des Lehrfilms „Lebewesen und Wasser"

Im Beispieldiagramm Abb. 5.14 lassen sich verschiedene Ebenen von Begriffen ausmachen, so z. B. die vier Begriffskreise in der Ebene über dem untersten Begriffskreis, im Diagramm beschriftet mit den Gegenständen „Hund", „Frosch", „Bohne" und „Schilf". Diese liegen alle auf einer Ebene, weil sie alle jeweils mindestens vier Merkmale zum Inhalt haben. So hilft die Anordnung auf Ebenen im Diagramm noch besser Begriffe vergleichen zu können.

CAPESSIMUS soll dabei helfen, ein Gespür für solche diagrammatischen Darstellungsmittel zu entwickeln und das Erlernen des guten Anordnens unterstützen und fördern. Die Lage der Begriffe in der Zeichenebene wird bei CAPESSIMUS schon vorgegeben, die Lernenden können durch die Anschauung von guten Beispielen und die dort verwendeten

Formen lernen, diese später selbst zu reproduzieren. Die Anordnung der Linien in das vorgegebene Gefüge aus Begriffen bleibt eine Hauptaufgabe bei CAPESSIMUS.

Die begriffsanalytische Bearbeitung von Daten ermöglicht eine *Vergleichbarkeit* der Daten in Gestalt der Begriffe. Umfang und Inhalt von Begriffen können verglichen werden, um daraus neue Erkenntnis zu gewinnen in Bezug auf Ordnung, Regelhaftigkeiten und andere Besonderheiten in der Datenstruktur. Im Liniendiagramm gewinnt die Ordnung der Begriffe eine große Bedeutung für das *Vergleichen*. Mit einem Blick sind allgemeinere Begriffe von spezielleren durch ihre Darstellung auf verschiedenen Ebenen des Zeichenblatts und ihrer Verbindung mit Streckenzügen leicht zu erkennen. Aber auch der Vergleich von verschiedenen Liniendiagrammen und das Aufdecken von Veränderungen kann sehr informativ sein, wenn Daten hinsichtlich ihrer zeitlichen Entwicklung analysiert werden sollen.

Die Begriffsordnung ist das zentrale Gestaltungsmittel in der Begriffsanalyse, die die Oberbegriff-Unterbegriff-Ordnung der natürlichen Sprache aufgreift. Diese Ordnung wird sehr anschaulich im Liniendiagramm wiedergegeben, indem Oberbegriffe auch auf dem Papier oberhalb von Unterbegriffen dargestellt werden und beide durch einen Streckenzug verbunden werden. Besonders nützlich ist dabei das Prinzip, dass nicht alle Linien eingetragen werden, sondern das Prinzip der Transitivität der Ordnung ausgenutzt wird, d.h. der Oberbegriff eines Begriffs, welcher wiederum Oberbegriff eines dritten Begriffs ist, wird nicht durch eine Linie direkt zu diesem dritten Begriff verbunden, sondern ist nur über einen Streckenzug über den mittleren Begriff zu erreichen (vgl. Abb. 5.15). Während in Diagramm Abb. 5.15(a) der unterste Kreis aufgrund der Transitivität nur über den mittleren Begriffskreis mit dem oberen Kreis verbunden ist, ist im Diagramm Abb. 5.15(b) eine überflüssige Linie vom unteren zum oberen Kreis gezogen. In beiden Fällen implizieren die Verbindungen aber, dass im Inhalt des unteren Begriffes die Merkmale $\{m_1, m_2, m_3\}$ enthalten sind, und ebenso im oberen Begriff der Umfang aus $\{g_1, g_2, g_3\}$ besteht.

Die Eigenschaft der Transitivität der *Ordnung* muss in CAPESSIMUS eingesetzt werden, um überflüssige Linien zu vermeiden und die vorgegebene Anzahl an einzutragenden Strecken einhalten zu können.

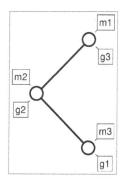

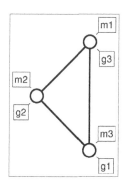

(a) Ausnutzung der Transitivität in Liniendiagrammen

(b) überflüssige Linien durch Missachtung der Transitivität

Abbildung 5.15: Transitivität in Liniendiagrammen

Im Brockhaus findet man *Struktur* beschrieben als

„der innere Aufbau, das Bezugs- und Regelsystem eine komplexen Einheit, in dem alle Elemente innerhalb dieses Ganzen eine je eigene Aufgabe erfüllen. Das so gebildete Formgefüge gewinnt damit gestalthaften Charakter." [Br74]

Gesammelte Daten bekommen durch den formalen Kontext Struktur: Die Gegenstände und Merkmale werden zu Mengen zusammengefasst, die Beziehung zwischen den Gegenständen und Merkmalen wird als Inzidenzrelation erfasst.

Erst diese Grundstruktur macht es möglich, die komplexe und abstrakte Struktur des Begriffsverbandes als Ordnungsstruktur herzuleiten. Durch die Darstellung als Liniendiagramm wird eine grafische Struktur zur Repräsentation der Begriffsverbände eingeführt, die Ordnung, Beziehungen und inhaltliche Informationen übersichtlich anbietet. Das Liniendiagramm zeigt als Strukturelement den Aufbau und die innere Gliederung der Daten auf (vgl. [Wa89] und gibt dem Ganzen Gestalt. Durch die mathematische Beschreibung eines Begriffsverbands ist auch die Struktur der Begriffe festgelegt, als „System von Relationen und Operationen" [Mey92], das es ermöglicht zu Begriffen Abstraktionen, also Oberbegriffe, und Spezialisierungen, also Unterbegriffe zu bilden.

Durch die Struktur eines Begriffsverbands und den Hauptsatz der Formalen Begriffsanalyse können Liniendiagramm auf Vollständigkeit und Richtigkeit überprüft werden (vgl. Abschnitt 2.4). Dieser Test ist als letzter Arbeitsschritt bei den Beispielen von CAPES-SIMUS sinnvoll, um zu überprüfen, ob das erstellte Diagramm auch im formalen Sinne einen Begriffsverband darstellt.

Darstellung der Begriffshierarchie als beschriftetes Liniendiagramm

Die Begriffsanalyse lebt davon, die Struktur der Daten in Form von beschrifteten Liniendiagrammen *darzustellen.* Die Liniendiagramme sind das zentrale Ausdrucksmittel, mit dem die Daten auch analysiert und diskutiert werden. Erst mit dieser Darstellung als Ordnungsstruktur können neue Erkenntnisse über die Daten herausgearbeitet werden.

Mit einem Liniendiagramm als Bild wird die Information des Kontextes wiedergegeben (vgl. [Du93]), es wird „anschaulich gemacht" [Wa89] wie die Daten zusammenhängen. Das Bild eines Liniendiagramms veranschaulicht in diesem Sinne die Struktur der Begriffsverbände und damit auch die Datenstrukturen.

Damit sind die Liniendiagramme mehr als nur die Visualisierung der Daten, bei der die Betonung rein auf der bildlichen Darstellung von zuvor anders kodierten Informationen liegt. Der Anspruch das Verständnis erleichtern zu wollen, sollte sicher auch eine leitende Idee bei Visualisierungen sein, wird aber durch die Handlung des Veranschaulichens viel stärker betont.

5.4.2 Denkhandlungen beim Arbeiten mit Liniendiagrammen

Die Liniendiagramme sind wichtige Kommunikationsmittel für Anwender, die Daten analysieren wollen. Daher sollte auch bei der Arbeit mit CAPESSIMUS geübt werden, die fertigen Liniendiagramme zu *analysieren* im Hinblick auf die logischen Zusammenhänge der Daten, zu *vergleichen* mit dem Vorwissen über die Anwendungssituation, und auf neu erkannte Zusammenhänge und Abhängigkeiten zu *schließen.*

Im Liniendiagramm „Lebewesen und Wasser" ergibt die Analyse z. B. dass das trennende Merkmal zwischen Tieren („Hund", „Frosch", „Brasse", „Fischegel") und Pflanzen („Bohne", „Mais", „Schilf", „Wasserpest") die Fähigkeit zum Ortswechsel ist (natürlich gibt es noch andere, die jedoch in diesem Kontext nicht erfasst sind). Beim Vergleich der Bohne mit den anderen Pflanzen fällt auf, dass ihr das Merkmal „zweikeimblättrig" eine Sonderrolle verschafft. Ausgehend von der Eigenschaft „hat Gliedmaßen" kann man auf die Fähigkeit zum Ortswechsel schließen, was umgekehrt nicht gilt, wie der Fischegel widerlegt (vgl. Abb. 5.14).

Das Auftreten von Begriffen, die nicht schon mit einem Gegenstand oder einem Merkmal beschriftet sind, kann oft mit Hilfe des Kontextes und seinem Bezug zur Lebenswelt gut begründet und erklärt werden.

Bemerkenswert ist auch, wie selbstverständlich die Denkhandlungen *Spezialisieren* und *Verallgemeinern* durch die Visualisierung der Oberbegriff-Unterbegriff-Ordnung aktiviert. Von einem bestimmten Begriff ausgehend, bedeutet ein Aufsteigen entlang eines Streckenzugs zu allgemeineren Begriffen überzugehen, während die Begriffe, die durch Streckenzüge nach unten zu erreichen sind, speziellere Begriffe darstellen.

5.5 Lernumgebung zur Formalen Begriffsanalyse

Wer nun angeregt durch die Arbeit an den Liniendiagramme in die mathematische Theorie einsteigen will oder wer einfach mehr über die Hintergründe der Diagramme lernen möchte, kann dies mit Hilfe der von Doris Erne ([Er00]) entwickelten und mir ([Hel02]) strukturierten Lernumgebung zur Formalen Begriffsanalyse tun.

In den folgenden Abschnitten sollen die didaktischen Überlegungen, wichtige Grundlagen und die eingesetzte Methodik zur Ausgestaltung vorgestellt werden. Die Abschnitte orientieren sich weitgehend an meiner Diplomarbeit und der daraus hervorgegangenen Veröffentlichung [Hel02].

Lernumgebungen sind Arrangements von Lerngegenständen, Inhalten und Stoffgebieten in einer Art und Weise, die den Lernenden zum Lernen animieren, ihm Lernchancen aufzeigen und somit ein Lernen ermöglichen, das den dargebotenen Stoff vielfältig verknüpft, auch mit schon Bekanntem, um daraus neues Wissen zu konstruieren. Diese Vorstellung des Wissenserwerbs orientiert sich an den Thesen des Konstruktivismus: Wissen wird, jeweils abhängig vom Subjekt, im Akt des Erkennens konstruiert (vgl. [Sc97], [Gl85]), d. h. Wissen wird immer in der aktiven Auseinandersetzung eines Lernenden mit seiner Umwelt konstruiert.

In den o. g. Arbeiten von Erne und mir wurde eine Lernumgebung mit Orientierungs- und Navigationshilfe entwickelt, die das freie Selbststudium anleitet, indem sie dem Lernenden ermöglicht, sich weitgehend selbstständig für einen Weg durch die Lernumgebung zu entscheiden. Der selbstverantwortlich gestaltete, individuelle Lernweg soll motivieren und auch bessere Möglichkeiten zur Anknüpfung an das Vorwissen und die Neigungen des Lernenden bieten. Die Orientierungs- und Navigationshilfe verbindet und präsentiert die Lerneinheiten der Lernumgebung in einem komplexen Netz, was einem reichhaltigen Lernen mit vielfältigen mentalen Verknüpfungen entgegen kommt. Die vernetzte Darstellung von einzelnen Lerneinheiten in der Orientierungs- und Navigationshilfe erschließt die Zusammenhänge und ermöglicht dem Lernenden, sich auf seinem Weg durch die Lernlandschaft zu positionieren und für die weiteren Lernschritte zu entscheiden.

Das Angebot von Lerngebieten in einem Netz aus Lernmodulen in der Orientierungs- und Navigationshilfe unterstützt den Ansatz des explorativen (entdeckenden) Lernens (vgl. auch [Ste00], [Kre00]) dort, wo der Lernende – im Gegensatz zum expositorischen Lernen mit linearen Vorgaben des Lernweges – die Möglichkeit hat, sich frei in der Lernumgebung zu bewegen und selbst zu entscheiden, welche Lerneinheit er besuchen möchte. Studien belegen, dass diese Form des Lernens, durch das selbstständige Erforschen der Wissenslandschaft, bessere Lernergebnisse hervorbringt, als das Lernen mit linear organisierten Medien, wie z. B. Büchern (vgl. [Kre00]).

Vielmehr als bei linearen Medien bedarf der Lernende in einer explorativen Lernumgebung – bei aller Selbstbestimmung und Entdeckungsfreude – einer „effizienten Hilfe" ([Kl97]) und einer „logischen Strukturierung der dargebotenen Information" ([Ke01, S. 219]).

5.5.1 Modularisierung des Lerngebietes nach geeigneten didaktischen Kriterien

Selbstverständlich sollte die intensive, aktive Arbeit mit dem Lernstoff die wichtigste Rolle beim Lernen in Lernumgebungen spielen. Das Lerngebiet „Formale Begriffsanalyse" wurde zielgerichtet und nach didaktischen Gesichtspunkten (vgl. [Er00], [Med99], [Sc97]) modularisiert. Das heißt, dass das Themengebiet in kleine, in sich abgeschlossene Stoff- und Lerneinheiten transformiert wurde. Eine Liste der erarbeiteten Module ist im Anhang B.1 zu finden.

Bei der Modularisierung die richtige Granularität zu treffen, ist eine anspruchsvolle Aufgabe. Erne wählte im Beispiel ihrer Lernumgebung als Richtgröße für ein Lernmodul maximal eine Standard-Bildschirmseite. Im Anhang ist ein Beispiel für ein solches Lernmodul zu sehen (vgl. Abb. B.1). Weiter ist es wichtig, eine gewisse Abgeschlossenheit der einzelnen Module zu erreichen, sodass sie in sich verständlich sind. Außerdem müssen auch bestimmte Module gezielt hergestellt werden: So sollte es z. B. zu jedem Themengebiet ein Überblicksmodul geben, das den Inhalt kurz vorstellt, oder aber auch Module, die Auskunft über Quellen und Ansprechpartner geben. Eventuell müssen somit auch für vermeintlich fertige Lernumgebungen bestimmte Module nachträglich erstellt werden, um den Anforderungen zu genügen.

5.5.2 Kennzeichnung mit stofflich-inhaltlichen Merkmalen

Für den Lernenden ist es von Bedeutung, über die inhaltliche Zuordnung der Lernmodule zu bestimmten Themengebieten informiert zu sein. Deshalb werden den Lerneinheiten gewisse stofflich-inhaltliche Merkmale zugeordnet, die bestimmen, zu welchem Themengebiet ein Lernmodul gehören soll. Falls die Lernumgebung aus einem vorliegenden linearen Medium heraus konzipiert wird, kann das dort verwendete Inhaltsverzeichnis eine Grundlage für die Auswahl von Themengebieten bilden. Welche Merkmale zur Klassifizierung der Lernmodule gewählt werden, hängt natürlich von der jeweiligen Lernumgebung ab. Auch die Feinheit der Aufteilung ist dem Autor der Lernumgebung freigestellt, jedoch sollte später aufgrund dieser Merkmalszuordnung inhaltliche Zusammengehörigkeit erkennbar sein.

5.5.3 Zuordnung von Metadaten

Es ist sinnvoll, den Lernmodulen darüber hinaus verschiedenen Metadaten zuzuordnen. Dabei hat sich eine Klassifikation der Lernmodule nach folgenden Aspekten bewährt:

- Unterscheidung nach Wissensarten

- Typisierung des Darstellungsmediums

- Unterscheidung verschiedener Lernaktivitäten und Kommunikationsbeiträge

Den in dieser Arbeit hauptsächlich verwendeten Metadaten liegt eine Klassifizierung nach Meder zugrunde (vgl. [Med99]), die vier Arten von Wissen und didaktischen Funktionen der Lernmodule unterscheidet.

Die Festlegung der vier Wissensarten ergibt sich aus folgenden Überlegungen:

„Orientierungswissen ist Wissen, das jemand erwirbt, um sich in der Welt bzw. auf einem Gebiet zurechtzufinden, ohne schon in spezifischer Weise tätig zu werden. [...] Handlungswissen ist solches Wissen, das sich auf reales Handeln von Menschen (Praktiken, Techniken, Methoden und Strategien) bezieht. [...] Erklärungswissen liefert Gründe und Argumente dafür, warum etwas so ist wie es ist. [...] Quellenwissen ist Wissen über Informationsquellen." [Med99]

Zusammengenommen decken sie wichtige Bereiche des Wissenserwerbs ab, die vier Wissensarten können jedoch beliebig weiter unterteilt werden, das hängt von den Ansprüchen an die jeweilige Lernumgebung ab.

Darüberhinaus können besonders bei multimedialen Lernumgebungen auch das verwendete Medium zu jedem Modul variiert und bestimmt werden. Besonders wichtig erscheinen dafür nach Meder die verschiedenen Darstellungsmedien:

- Text
- Tabelle
- Abbildung/Grafik (Diagramm, animierte Abbildung)
- Bilder (Einzelbild, Diashow)
- Ton (Musik, Sprache/Rede, Geräusche)
- Film/Video

In ähnlicher Weise können auch die die vom Lernenden erwarteten Aktionen klassifiziert werden, indem z. B. verschiedene Aufgabentypen unterschieden werden. Meder bietet auch eine Unterscheidung von Kommunikationsbeiträgen der Lernmodule und der von ihnen angeregten Lernart (vgl. [Med99]):

- Reflexion
  - Irritation (Aha-Erlebnis)
  - Reflexion (Einsicht)
  - Kritik (Selbstüberprüfung/Metakognition)
  - Warnung (Aha-Erlebnis)
  - Problematisierung (Problemorientiertes Lernen)

- Interaktion

  - Zustimmung (Festigung)
  - Ablehnung (Selbstüberprüfung)
  - Verteidigung (Festigung)
  - Abweichung (Selbstüberprüfung/Metakognition)
  - Korrektur (Selbstüberprüfung/Metakognition)
  - Bewertung (Selbstüberprüfung/Metakognition)

- Initiation

  - Vermutung (Trial-and-Error-Lernen)
  - Zusammenfassung (Systemisches Lernen)
  - Anregung (Trial-and-Error-Lernen)
  - Vorschlag (Trial-and-Error-Lernen)
  - Aufgabenstellung (Aufgabenorietiertes Lernen)
  - Zielsetzung (Problemorientiertes Lernen)
  - Anweisung (Instruktionelles Lernen)
  - Fragestellung (Problemorientiertes Lernen)

- Sachliche Bewegung

  - Folgerung (Relationales Lernen)
  - Ausweitung (Assoziatives Lernen)
  - Beispiel (Exemplarisches Lernen)
  - Gegenbeispiel (Exemplarisches Lernen)
  - Klärung (Selbstüberprüfung/Metakognition)

- Meta-Operation

  - Strukturierung (Systemisches Lernen)
  - Orientierung (Faktenlernen)

- Soziale Bewegung

  - Gruppenbildung (Soziales Lernen)
  - Rückzug (Soziales Lernen)

Die Metadaten sollen insgesamt helfen, die Module unabhängig von ihrem Inhalt nach rein methodisch-didaktischen Gesichtspunkten zu ordnen. Sie weisen jedem Modul eine bestimmte Funktion im Lernprozess zu. Im Anhang B.3 ist eine Zuordnung von Metadaten zu allen Module des Themengebiets „Liniendiagramme" zu sehen.

Die Metadaten dienen sowohl der inneren Differenzierung für den Autor der Lernumgebung, können aber auch dem Lernenden mitteilen, welche Aktionen von ihm in bestimmten Lerneinheiten erwartet werden. Welche zusätzlichen Informationen mitgegeben werden, muss der Autor der Lernumgebung bestimmen, jedoch sollten sie didaktisch begründet, trennscharf und überschaubar bleiben, damit sie das Lernen auch unterstützen können.

5.5.4 Vernetzung mit didaktischen Relationen

Um die Verbindungen zwischen den einzelnen Lernmodulen beschreiben zu können, müssen didaktische Relationen bestimmt werden, die den Zusammenhang der Lernumgebung wiedergeben.

Als didaktische Relationen sollen im Weiteren nur zweistellige Relationen betrachtet werden, weil es sich für die Gestaltung der Beispiel-Lernumgebung von Erne ([Er00]) gut geeignet und bewährt hat. Die Abbildung der Information über Verbindungen zwischen Lernmodulen bleibt dadurch recht einfach und übersichtlich.

Im Beispiel von Erne kamen Verallgemeinerungsrelationen, Trägerrelationen (wie „ist Voraussetzung für"), Veranschaulichungsrelationen (wie „ist Beispiel für"), Vertiefungsrelationen (wie „ist Beweis von"), Zusammenhangsrelationen (wie „ist Anlage zu") und Ähnlichkeitsrelationen zum Einsatz (vgl. Abb. B.3).

Diese Relationen geben die Zusammenhänge der Lernmodule sowohl bezüglich stofflich-inhaltlicher Gesichtspunkte wieder, indem z. B. historische Hintergründe, Beispiele, oder Anlagen verknüpft werden, sie geben aber auch Aufschluss über die didaktisch-funktionellen Aspekte der Lernmodule, da auch Voraussetzungen, Weiterführungen oder Prozesse in Beziehung gesetzt werden.

5.5.5 Orientierung mit Informationskarten

Zum Themengebiet der Formalen Begriffsanalyse wurde von Erne [Er00] eine Lernumgebung mit 88 Lernmodulen gestaltet. Die Repräsentation der Vernetzung von Wissenseinheiten in begrifflichen Informationskarten hat sich als fruchtbarer Ansatz erwiesen, da die reichhaltigen Informationen über den Aufbau und den Zusammenhang der Inhalte der Lernumgebung in einer gut strukturierten, leicht erfassbaren Form wiedergegeben werden können, die nicht zu komplex und unübersichtlich wird.

Abbildung 5.16: Beispiel einer Informationskarte mit der Darstellung von Themengebieten als „Länder"

Unter dem Begriff Informationskarte wird eine Repräsentation von Daten und Informationen in Landkartenform verstanden. Da Karten in vielen Bereichen des alltäglichen Lebens vorkommen, z. B. als Straßenkarten, U-Bahn-Netz-Karten, etc., kann das Vorwissen der Lernenden aktiviert werden: Viele Menschen sind im Umgang mit Karten vertraut und verstehen die Bedeutung der dort gezeigten Zeichen: Die Abbildung der Lernumgebung in einer „Landkarte", die verschiedenen Themengebiete als „Länder" (vgl. Abb. 5.16), die Lernmodule als „Städte", die Beziehungen und Relationen zwischen den Modulen als „Straßen" (vgl. Abb. 5.17) usw. auftreten können, ist sehr nahe an einer herkömmlichen Karte mit Linien-, Orts- und Flächensignaturen (vgl. Anhang B.5 Abb. B.4). Zusätzliche Beschriftungen mit den Nummern oder Namen der Lernmodule und auch der Einsatz einer Legende zur Erklärung der eingesetzten Signaturen sind unmittelbar verständliche

Hilfsmittel zur Unterstützung der Navigation in der Wissenslandschaft.

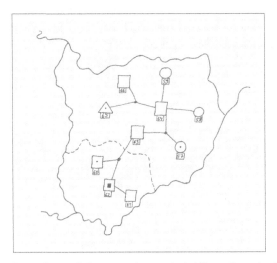

Abbildung 5.17: Beispiel einer Informationskarte mit der Darstellung der Lernmodule als „Städte" und der didaktischen Verbindungen als „Straßen"

Die begrifflichen Informationskarten sollen dem Lernenden helfen, die Lernumgebung mit ihren vielfältigen Möglichkeiten zu erschließen. Dabei repräsentiert die Informationskarte die Lernumgebung, bietet einen Eindruck der „Lernwelt", nicht als „Fotografie", nicht als objektives Abbild, denn die Lernumgebung ist viel mehr als ihre Informationskarte. Informationskarten enthalten kontextuell-logisch codierte Informationen. Sie schließen didaktische Überlegungen bzgl. didaktischer Relationen und des Designs mit ein und berücksichtigen sozio-kulturelle Konventionen, die in der Lesetechnik von Karten vorhanden sind. Der Lernende ist nun herausgefordert, mit seiner Allgemeinbildung und seinem Vorwissen, die in der Informationskarte enthaltenen Informationen herauszulesen, sich seinen Weg zu suchen, sich sein eigenes Bild des Lerngebietes in der Lernumgebung zu konstruieren.

Eine Anbindung an die Lebenswelt des Lernenden muss gerade auch bei der Auswahl der Metadaten und didaktischen Relationen berücksichtigt werden. Die verwendeten Metadaten und didaktischen Relationen müssen verständlich und weitgehend mit der Allgemeinsprache entlehnten Begriffen gefasst sein, damit sie ihre Funktion als Unterstützung für eine Lernentscheidungen erfüllen können.

Der Begriff „Navigationshilfe" soll andeuten, dass der Lernende im Sinne des explorativen Lernens mit dem Einstieg in eine Lernumgebung gewissermaßen eine Wissenslandschaft betritt, in der er sich mit Hilfe der zur Verfügung gestellten Übersichts- und Detailkarten orientieren muss. Über das Erkunden von verschiedenen Pfaden und Plätzen auf seinem Lernweg sammelt er reichhaltige Erfahrungen, aus denen der Lernende für sich Wissen konstruieren kann. Wichtig ist, dass die Navigationshilfe nicht nur die formal-strukturellen Aspekte, d. h. die Vernetzung, darstellt, sondern auch inhaltlich-begrifflich aufschlussreich ist (vgl. [Lec94]): In der Informationskarte werden die einzelnen Lerneinheiten als „Städte" mit bedeutungsvollen und inhaltsreichen Namen, die auf Wunsch zusätzlich angezeigt werden können, und Metadaten, die durch die unterschiedlich gestalteten Knoten dargestellt werden, angezeigt (vgl. Abb. 5.18). Außerdem werden bestimmte Wissens- und Themengebiete zu „Ländern" zusammengefasst und als Orientierungshilfe untergelegt.

Um vielfältig navigieren zu können, sind reichhaltig ausgestattete Navigationsleisten sinnvoll. In diesen können alle stofflich-inhaltlichen Merkmale („Länder" und „Regionen") und alle Metadaten in Form von Wissensarten angewählt werden. Die didaktischen Relationen, die jeweils geeignet gruppiert sein müssen, damit die Übersichtlichkeit erhalten bleibt, stehen wie auch alle Namen der Lernmodule zur Auswahl. Besonders bei den Namen der Lernmodule hat man es mit einer großen Anzahl von Möglichkeiten für die weitere Auswahl zu tun. Um hier trotzdem eine gute Orientierung zu geben, kann man die thematisch zusammengehörigen Lernmodule als Liste zusammenstellen und so eine Darstellung ähnlich einem Inhaltsverzeichnis erreichen, das den Zugriff des Lernenden auf einzelne Einheiten schnell und sicher ermöglicht. Diese Navigationsleisten würden dann am Kartenrand dem Lernenden zur Verfügung gestellt.

Falls zu viele Zusammenhänge, Strukturen und Informationen in einer einzigen Karte dargestellt werden, enthält die Karte zu viel Information für den Lernenden und ist nicht mehr übersichtlich. Besser ist dann eine Repräsentation der verschiedenen Aspekte durch unterschiedliche „Landkarten". Zur Veranschaulichung der verschiedenen Gesichtspunkte können spezielle Informationskarten entwickelt werden. Das Entscheidende ist, dass bestimmte Grundelemente, wie z. B. Städte, in ihrer Position unberührt bleiben, aber darüber zweckorientiert Repräsentationen von ganz unterschiedlichen Themen ge-

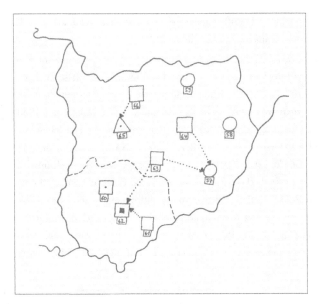

Abbildung 5.18: Karte mit Lernmodulen und didaktischen Relationen

legt werden können. Bei der Erstellung solcher thematischer Karten muss besonders die „Zahl darzustellender Erscheinungen [...] begrenzt sein, Prinzipien der Wiedergabe dürfen sich nicht durchkreuzen." ([Wil90, S. 198])

In der Lernumgebung können zu allen didaktischen Relationen, allen Metadaten und allen Facetten des Lernens gezielt thematische Informationskarten angezeigt werden, sodass dem Lernenden immer gemäß seinen Bedürfnissen und Fragen geholfen werden kann, den weiteren Lernweg zu bestimmen. Die Zusammenstellung der Karten in einer Art „Navigationsatlas" böte den Vorteil, zielgenaue Orientierung und Informationen abrufen zu können. Allerdings leidet beim Einsatz von mehreren Karten das Verständnis des Zusammenhangs und der Gesamtüberblick. Die Handhabung des Navigationssystems durch den Lernenden wird somit anspruchsvoller.

Eine Strukturierung von Lernumgebungen in der hier vorgestellten Weise hilft den Erstellern von Lernumgebungen, inhaltlich und didaktisch ausgereifte Lernmodule anzubieten. Außerdem wird das selbstgesteuerte Lernen angeregt und unterstützt.

Fazit und Ausblick

In dieser Arbeit wurde ausgehend von der Verortung der Liniendiagramme als zentrales Kommunikationsmittel der Begrifflichen Wissensverarbeitung begründet, warum sich gerade Liniendiagramme gut zur Unterstützung von menschlichem Denken und zur Wissenskommunikation eignen. Die Brückenfunktion der Liniendiagramme zwischen den drei semantischen Aspekten spielt hierbei eine führende Rolle. Liniendiagramme sind in ihrem Wesen so eng am menschlichen Denken, dass sie als Kommunikationsmittel gerne akzeptiert und genutzt werden. Außerdem sind Liniendiagramme ein gemeinsames Mittel, zwischen Wissensanwendern in Spezialdisziplinen und Wissensverarbeitern in Mathematik und Logik zu kommunizieren. In allen Bereichen dienen Liniendiagramme von Begriffsverbänden als bedeutungsvolles und ausdrucksstarkes Kommunikationsmittel, indem sie wichtige Denkhandlungen unterstützen.

Diese Bedeutung herauszuarbeiten und daraus Kriterien für die Gestaltung guter Liniendiagramme zu verknüpfen, war mir ein wichtiges Anliegen. Die Kriterien berücksichtigen Ziele und Zwecke von Wissensanwendern und bieten auf struktureller, anwenderzentrierter und sachbezogener Ebene Ansatzpunkte für eine überzeugende und gut lesbare Gestaltung von Liniendiagrammen.

Abschließend habe ich zwei Lernwege in die Formale Begriffsanalyse und das Lernen der Fähigkeit zum Zeichnen von Liniendiagrammen aufgezeigt. Der spielerische, experimentelle Ansatz mit CAPESSIMUS ist sicherlich ungewöhnlich, aber überzeugend aufgrund der sehr positiven Erfahrungen aus Projekten, Lehrveranstaltungen und Kursen. Diese Erfahrungen werden durch die sieben Thesen zu Möglichkeiten und Wirkweisen von Lernspielen gestützt und lassen den Einsatz von CAPESSIMUS in der Vermittlung von Kompetenzen zum Zeichnen von Liniendiagrammen gut begründen. Damit neben dem spielerischen Zugang auch die formalen und mathematischen Grundlagen erlernt werden, wurde die Konzeption einer Lernumgebung zur Formalen Begriffsanalyse vorgestellt und die didaktische Unterstützung mit Orientierungs- und Navigationshilfen erörtert.

Erste empirische Untersuchungen zum Verständnis von Liniendiagrammen wurden in der Forschungsgruppe um Peter Eklund an der University of Queensland und Wollongong in Australien gesammelt (vgl. [DEB04] und [DE05]). In diesen Arbeiten wurde untersucht, inwieweit Liniendiagramme von Anwendern ohne spezielle Vorkenntnisse gelesen und verstanden werden können. Als Untersuchungsgruppe dienten Studierende, die im Rahmen ihres Informatik-Studiums auch in Formaler Begriffsanalyse unterrichtet wurden. Als Ergebnis wurde deutlich, dass nur mit einer kleinen Einführung in die Leseregeln und die prinzipiellen Ideen der Darstellung einer geordneten Menge in Diagrammen, die Arbeit der Studierenden mit Liniendiagrammen sehr erfolgreich verlief. Insgesamt bestätigen diese beiden Studien das auch in dieser Arbeit vermittelte Bild der Liniendiagramme als Unterstützer von Denk- und Kommunikationsprozessen. In Erweiterung zu diesen Studien wäre eine Untersuchung mit Personen spannend, die wenig oder keine formale Vorbildung im Gegensatz zu den Informatikstudierenden haben, und die Wirkung und Verständlichkeit der Liniendiagramme auch in solchen, in Anwendungsprojekten nicht unüblichen Situationen zu erforschen. Wünschenswert wäre auch eine Ausweitung auf den Kompetenzerwerb des Zeichnenlernens. Denkbar wäre eine Überprüfung der sieben Thesen und der Erfolg beim Zeichnenlernen durch das Lernspiel CAPESSIMUS.

Eine reizvolle Fortführung wäre es, die Arbeit mit Liniendiagrammen aus Sicht der Bildungsstandards Mathematik zu beleuchten. Folgende allgemeine mathematische Kompetenzen bilden den Kern der Bildungsstandards:

„Die allgemeinen mathematischen Kompetenzen (...) sind:

- Mathematisch argumentieren,

- Probleme mathematisch lösen,

- Mathematisch modellieren,

- Mathematische Darstellungen verwenden,

- Mit Mathematik symbolisch/formal/technisch umgehen,

- Mathematisch kommunizieren." [Bl06, S. 20]

In diesen als zentral angesehenen prozessbezogenen Kompetenzen spiegelt sich das ganze Programm der Wissenskommunikation mit Liniendiagrammen wieder und bestätigt den Ansatz meiner Arbeit. Die Formale Begriffsanalyse bietet mit den Liniendiagrammen eine mathematische Darstellung, die auf allen drei Ebenen – symbolisch, formal und technisch – eine Modellierung ist, die das Kommunizieren und Argumentieren unterstützt.

Der Vergleich verschiedener Computer-Programme zum automatischen oder teil-automatischen Zeichnen von Liniendiagrammen in Bezug auf die Güte der produzierten Diagramme ist zwar schwierig, weil die einzelnen Programme teilweise nur sehr spezielle Zwecke bedienen, wäre aber trotzdem spannend. Allerdings wird eine Analyse zusätzlich dadurch erschwert, dass die zugrunde liegenden Algorithmen und Ideen der Software nicht immer verfügbar sind. So ließen sich zwar im „trial-and-error"-Verfahren Diagramme erzeugen, aber ihre Form nicht gut begründen.

Zudem komme ich auch aufgrund der Ausführungen in meiner Arbeit zur Feststellung, dass es „die perfekte" Software nicht geben kann und nicht geben wird, weil die möglichen Strukturen zu vielfältig und die Beschreibung einer guten Repräsentation in Liniendiagrammen zu komplex ist, als dass sie in einem Software-Algorithmus umfassend abgebildet werden könnte. Der Mensch mit seinem Denken, seinen Zielen und Ansprüchen an das Diagramm sollte bei der Erstellung der Diagramme im Mittelpunkt stehen und inhaltsorientierte Entscheidungen für die Darstellung treffen.

Eine gute Software kann aber bei diesem Prozess der Diagrammerstellung unterstützend wirksam werden, wie es für TOSCANAJ in Abschnitt 4.3 geschildert wurde. Eine gute Software lässt viele Möglichkeiten der individuellen Darstellungen grafischer Elemente, z. B. halb oder ganz ausgefüllte Kreise, Einsatz von Farben etc., und der anschließenden Manipulation der Diagramme, wie z. B. Vergrößern und Verkleinern des Diagramms, Verschieben von Diagrammteilen, etc. Es ist eine lohnenswerte Aufgabe, bestehende Software, um solche Komponenten zu erweitern.

Ein konkretes Ziel ist, die Lernumgebung zur Formalen Begriffsanalyse mit der Erstellung von neuen Lernmodulen zum Zeichnen von Liniendiagrammen weiter auszubauen und zusammen mit CAPESSIMUS in Kursen zur Formalen Begriffsanalyse zu aktivieren. Außerdem sollte beim Lernen von Formaler Begriffsanalyse auch auf die Gestaltungskriterien für gute Liniendiagramme verstärkt eingegangen werden, damit diese in zukünftigen Anwendungsprojekten erfolgreich eingesetzt werden können.

A Mathematische Beweise zu den begriffsanalytischen Grundlagen

Alle Sätze und Beweise sind der Arbeit von Wille „The Basic Theorem on Labelled Line Diagrams of Finite Concept Lattices" [Wi07] entnommen und von mir ins Deutsche übersetzt.

A.1 Lemma 1

Lemma 1. *Zwei endliche, beschränkte, geordnete Mengen sind genau dann isomorph, wenn ihre Liniendiagramme isomorph sind.*

Beweis. *Seien $\underline{O} := (O, \leq)$ und $\underline{\hat{O}} := (\hat{O}, \leq)$ endliche, beschränkte geordnete Mengen mit den zugehörigen Liniendiagrammen $\mathbb{D}_\eta(\underline{O})$ und $\mathbb{D}_{\hat{\eta}}(\hat{O})$. Sei weiterhin θ ein Isomorphismus von $\underline{O}$ auf $\hat{O}$. Dann ist $\zeta := \hat{\eta}\theta(\eta^{-1})$ eine Bijektion von $C_{\underline{O}}$ auf $C_{\underline{\hat{O}}}$. Für jedes $s \in S_{\underline{O}}$ gibt es ein eindeutiges überdeckendes Paar $o_1 \prec o_2$ in $\underline{O}$ mit $(\eta(o_1), s, \eta(o_2)) \in T_{\underline{O}}$ und mit $\theta(o_1) \prec \theta(o_2)$ in $\mathbb{D}_{\hat{\eta}}(\underline{\hat{O}})$. Außerdem gibt es ein eindeutiges $\hat{s} \in S_{\underline{\hat{O}}}$ mit $(\hat{\eta}\theta(o_1), \hat{s}, \hat{\eta}\theta(o_2)) \in T_{\underline{\hat{O}}}$. Das zeigt, dass es einen Bijektion $\sigma : S_{\underline{O}} \to S_{\underline{\hat{O}}}$, das so definiert wird über $\sigma(s) := \hat{s}$, dass $(c_1, s, c_2) \in T_{\underline{O}} \Leftrightarrow (\zeta(c_1), \sigma(s), \zeta(c_2)) \in T_{\underline{\hat{O}}}$. Also sind $\mathbb{D}_\eta(\underline{O})$ und $\mathbb{D}_{\hat{\eta}}(\underline{\hat{O}})$ isomorph zueinander.*

Umgekehrt seien $\mathbb{D}_\eta(\underline{O})$ und $\mathbb{D}_{\hat{\eta}}(\underline{\hat{O}})$ die Liniendiagramme von endlichen, beschränkten geordneten Mengen mit den Bijektionen $\zeta : C_{\underline{O}} \to C_{\underline{\hat{O}}}$ und $\sigma : S_{\underline{O}} \to S_{\underline{\hat{O}}}$ so, dass $(c_1, s, c_2) \in T_{\underline{O}} \Leftrightarrow (\zeta(c_1), \sigma(s), \zeta(c_s)) \in T_{\underline{\hat{O}}}$. Dann kann man eine Bijektion $\theta : \underline{O} \to \hat{O}$ definieren als $\theta := (\hat{\eta}^{-1})\zeta\eta$. Für jedes überdeckende Paar $o_1 \prec o_2$ in $\underline{O}$ gibt es ein dazu gehöriges Tripel $(\eta(o_1), s, \eta(o_2))$ in $T_{\underline{O}}$ und damit ein korrespondierendes Tripel $(\zeta\eta(o_1), \sigma(s), \zeta\eta(o_2))$ in $T_{\underline{\hat{O}}}$, so dass $(\hat{\eta}^{-1})\zeta\eta(o_1) \prec (\hat{\eta}^{-1})\zeta\eta(o_2)$, d. h. $\theta(o_1) \prec \theta(o_2)$; der Umkehrschluss liefert, dass $\theta(o_1) \prec \theta(o_2)$ impliziert $o_1 \prec o_2$ gilt. Da in einer endlichen

geordneten Menge $o_1 \leq o_2 \leftrightarrow o_1 = o_2$ oder $o_1 \prec \ldots \prec o_2$ gilt, ist die bijektive Abbildung
$\theta : \underline{O} \to \hat{\underline{O}}$ *ein Isomorphismus.*

A.2 Lemma 2

Lemma 2. *Eine endliche, beschränkte, geordnete Menge $\underline{O}$ ist isomorph zu einem endlichen Begriffsverband $\mathfrak{B}(\mathbb{K})$, genau dann, wenn das zu $\underline{O}$ gehörige $(\nu G, \nu M)$-beschriftete Liniendiagramm $\mathbb{D}_\eta^\nu(\underline{O})$ isomorph ist zu einem $(\nu G, \nu M)$-beschrifteten Liniendiagramm $\mathbb{D}_{\bar{\eta}}^\nu(\mathfrak{B}(\mathbb{K}))$.*

Beweis. *Aus Lemma 1 folgt, dass $(\zeta, \eta) : \mathbb{D}_\eta(\underline{O}) \to \mathbb{D}_{\bar{\eta}}(\mathfrak{B}(\mathbb{K}))$ ein Isomorphismus ist genau dann, wenn $(\bar{\eta}^{-1})\zeta\eta : \underline{O} \to \mathfrak{B}(\mathbb{K})$ ein Isomorphismus ist. Außerdem ist $(\zeta, \eta) : \mathbb{D}_\eta^\nu(\underline{O}) \to \mathbb{D}_{\bar{\eta}}^\nu(\mathfrak{B}(\mathbb{K}))$ ein Isomorphismus genau dann, wenn $(\bar{\eta}^{-1})\zeta\eta : \underline{O} \to \mathfrak{B}(\mathbb{K})$ ein Isomorphismus ist und $\zeta\eta(\check{\gamma}\nu^{-1}(\nu g)) = \bar{\eta}(\gamma\nu^{-1}(\nu g))$ für alle $g \in G$ und $\zeta\eta(\check{\mu}\nu^{-1}(\nu m)) = \bar{\eta}(\mu\nu^{-1}(\nu m))$ für alle $m \in M$.*

A.3 Hauptsatz über beschriftete Liniendiagramme

Hauptsatz über beschriftete Liniendiagramme eines endlichen Begriffsverbandes. *Gegeben sei der Begriffsverband $\mathfrak{B}(\mathbb{K})$ eines endlichen Kontextes $\mathbb{K} := (G, M, I)$. Außerdem bezeichne $\underline{O} := (O, \leq)$ eine endliche, beschränkte, geordnete Menge mit den Abbildungen $\check{\gamma} : G \to \underline{O}$ und $\check{\mu} : M \to \underline{O}$.*
Dann ist das $(\nu G, \nu M)$-beschriftete Liniendiagramm $\mathbb{D}_\eta^\nu(\underline{O})$ der geordneten Menge isomorph zu einem $(\nu G, \nu M)$-beschrifteten Liniendiagramm $\mathbb{D}_{\bar{\eta}}^\nu(\mathfrak{B}(\mathbb{K}))$ des Begriffsverbands $\mathfrak{B}(\mathbb{K})$ genau dann, wenn in $\mathbb{D}_\eta^\nu(\underline{O})$

1. *jeder Kreis, von dem genau ein Streckenzug abwärts führt, ist (von unten) mit wenigstens einem Gegenstandsnamen aus νG beschriftet,*

2. *jeder Kreis mit genau einem aufsteigenden Streckenzug ist (von oben) mit wenigstens einem Merkmalsnamen aus νM beschriftet,*

3. *von einem Kreis, der mit einem Gegenstandsnamen aus νG beschriftet ist, führt ein aufsteigender Streckenzug zu einem Kreis, der mit einem Merkmalsnamen aus*

νM *beschriftet ist, oder die beiden Kreise sind schon gleich, genau dann, wenn bezeichnete Gegenstand das Merkmal besitzt,*

4. *es gibt eine injektive Abbildung* $\zeta : C_{\mathfrak{B}(\mathbb{K})} \to C_{\underline{O}}$, *die jedem Kreis des Diagramms* $\mathbb{D}_{\bar{\eta}}^{\nu}(\mathfrak{B}(\mathbb{K}))$ *ein* $\zeta(\bar{c}) \in C_{\underline{O}}$ *zuordnet, das eine kleinste obere Schranke der Menge* $\{\tilde{\gamma}g | g \in G \text{ mit } \gamma g \leq \bar{\eta}^{-1}\bar{c}\}$ *und eine größte untere Schranke von* $\{\check{\mu}m | m \in M \text{ mit } \mu m \geq \bar{\eta}^{-1}\bar{c}\}$ *darstellt,*

5. *die Anzahl der Kreise des Diagramms* $\mathbb{D}_{\eta}^{\nu}(\underline{O})$ *ist gleich der Anzahl der Kreise von* $\mathbb{D}_{\bar{\eta}}^{\nu}(\mathfrak{B}(\mathbb{K}))$,

6. *die Anzahl der Strecken in* $\mathbb{D}_{\eta}^{\nu}(\underline{O})$ *ist gleich der Anzahl aller Strecken in* $\mathbb{D}_{\bar{\eta}}^{\nu}(\mathfrak{B}(\mathbb{K}))$.

Beweis. *Für den Beweis betrachtet man zuerst den Spezialfall, dass* $\underline{O}$ *ein endlicher Verband* $\underline{L}$ *ist. Dann ist* $\underline{L}$ *isomorph zu* $\mathfrak{B}(\mathbb{K})$ *genau dann wenn es die Abbildungen* $\tilde{\gamma} : G \to \underline{L}$ *und* $\tilde{\mu} : M \to \underline{L}$ *gibt, so dass 1.* $\tilde{\gamma}(G) \supseteq J(\underline{L})$, *2.* $\tilde{\mu}(M) \supseteq M(\underline{L})$ *und 3.* $gIm \Leftrightarrow \tilde{\gamma}g \leq \tilde{\mu}m$ *für* $g \in G$ *und* $m \in M$. *Mit Lemma 2 gilt, dass diese drei Bedingungen äquivalent zu den drei Bedingungen des obigen Satzes sind. Andersherum kann mit dem Hauptsatz für endliche Begriffsverbände (vgl. Satz 2) argumentiert werden, dass der endliche Verband* $\underline{L}$ *genau dann isomorph zum Begriffsverband* $\mathfrak{B}(\mathbb{K})$ *ist, wenn die Bedingungen 1, 2 und 3 aus obigem Satz erfüllt sind.*

Bezeichne nun $\underline{O}$ *eine endliche, beschränkte, geordnete Menge, dessen Liniendiagramm* $\mathbb{D}_{\eta}^{\nu}(\underline{O})$ *mit* $(\nu G, \nu M)$ *beschriftet ist und die Bedingungen 1 bis 6 aus dem obigen Satz erfüllt. Bedingung 4 sichert die Existenz eine injektiven Abbildung* $\zeta : C_{\mathfrak{B}(\mathbb{K})} \to C_{\underline{O}}$; *es wird* $\zeta(\bar{c}) := c$ *definiert, wobei der Kreis* c *die kleinste obere Schranke der Menge* $\{\tilde{\gamma} | g \in G \text{ für } \gamma g \leq \bar{\eta}^{-1}\bar{c}\}$ *und gleichzeitig die größte untere Schranke von* $\{\check{\mu}m | m \in M \text{ für } \mu m \geq \bar{\eta}^{-1}\bar{c}\}$.

Aufgrund von Bedingung 5 ist ζ *sogar eine Bijektion. Bedingung 6 begründet die Existenz einer Bijektion* $\sigma : S_{\mathfrak{B}(\mathbb{K})} \to S_{\underline{O}}$, *so dass gilt* $(\bar{c}_1, \bar{s}, \bar{c}_2) \in T_{\mathfrak{B}(\mathbb{K})} \Leftrightarrow (\zeta(\bar{c}_1), \sigma(\bar{s}), \zeta(\bar{c}_2)) \in T_{\underline{O}}$. *Mit Lemma 1 folgt, dass* $\underline{O}$ *und* $\mathfrak{B}(\mathbb{K})$ *als geordnete Mengen isomorph sind. Also ist* $\underline{O}$ *ein endlicher Verband, für den die Existenz des Isomorphismus zwischen* $\mathbb{D}_{\eta}^{\nu}(\underline{O})$ *und* $\mathbb{D}_{\bar{\eta}}^{\nu}(\mathfrak{B}(\mathbb{K}))$ *im vorangegangenen Absatz schon gezeigt wurde.*

B Lernumgebung Formale Begriffsanalyse

B.1 Liste aller Lernmodule

B.2 Beispiel eines Lernmoduls

Lernmodul Nr.81
Themengebiet: Mehrwertiger Kontext - begriffliche Skalierung
Metadaten: Erklärungswissen/ Definition/ Text & Tabelle & Diagramm

Elementarskalen - Die (eindimensionale) Interordinalskala

Die Interordinalskala ist allgemein folgendermaßen definiert: $I_{n} := (n, n, \leq) \ | \ (n, n, \geq)$

Als Kontext für n = 4 ergibt sich also:

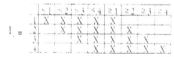

Das zugehörige Liniendiagramm des Skalenkontextes sieht
für n = 4 folgendermaßen aus.

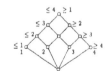

In Fragebögen werden als Antwortmöglichkeiten oft Gegensatzpaare angeboten wie
aktiv-passiv, *redselig-wortkarg* usw., wobei man sich für Zwischenwerte entscheiden
kann. Die Ausprägungen sind dann *bipolar* geordnet. Für solche Merkmale kann die
Skalierung durch Interordinalskalen fruchtbar sein.

Abbildung B.1: Beispiel für ein Lernmodul aus der Lernumgebung zur Formalen Begriffsanalyse zum Inhalt „Skalierung" (vgl. [Er00])

B.3 Zuordnung von Metadaten

Land: Liniendiagramm	Ordnen von Begriffen	Orientierungswissen	Erklärungswissen	Handlungswissen	Prozedur	Historie	Geschichte	Definition	Beispiel	Beschreibung	hat historischen Bezug	hat authentischen Bezug	Text	Tabelle	Diagramm
57	X					X							X		
58	X						X				X	X	X		
59	X						X				X	X	X		
60	X		X							X	X	X	X	X	
61	X		X						X		X	X	X	X	
62	X		X					X					X		
63			X						X		X	X		X	X
64			X						X		X	X		X	X
65				X	X								X		
66			X						X		X	X	X		X

Abbildung B.2: Tabelle mit Metadaten zu allen Lernmodulen im Themenfeld „Liniendiagramm"

B.4 Didaktische Relationen

	Verallgemeinerungsrelation	Trägerrelation	Veranschaulichungsrelation	Vertiefungsrelation	Zusammenhangsrelation	Ähnlichkeitsrelation	Ist Beispiel für	Ist Erläuterung von	Ist Anlage zu	Ist Einführung zu	Ist Vorüberlegung zu	Ist Beweis von	Ist Prämiß von	Ist Voraussetzung für	Ist historischer Hintergrund von	Ist Weiterführung von	Ist außernischer Hintergrund von	Formalisiert	Hat ähnlichen Inhalt wie	Illustriert	Ist Anwendung von	Konkretisiert	Ist Vorbereitung für
(56, 45)	X																						X
(56, 54)		X												X								X	
(56, 65)	X																						X
(57, 38)				X														X					
(58, 1)		X																		X			
(58, 64)	X									X													
(58, 66)	X									X													
(59, 62)	X									X													
(59, 64)	X									X													
(60, 44)			X				X									X							
(60, 62)	X									X													
(61, 62)		X						X													X		
(63, 57)		X						X												X			
(63, 60)			X													X				X			
(63, 62)		X						X												X			
(63, 64)	X																						X
(64, 10)		X																		X			
(64, 57)		X						X												X			
(65, 64)			X						X											X			
(66, 64)			X						X											X			
(66, 65)		X						X													X		
(67, 68)	X												X										
(68, 74)	X											X											
(69, 8)	X																	X					

Abbildung B.3: Didaktische Relationen

B.5 Signaturen

(a) Orientierungswissen-Signatur

(b) Erklärungswissen-Signatur

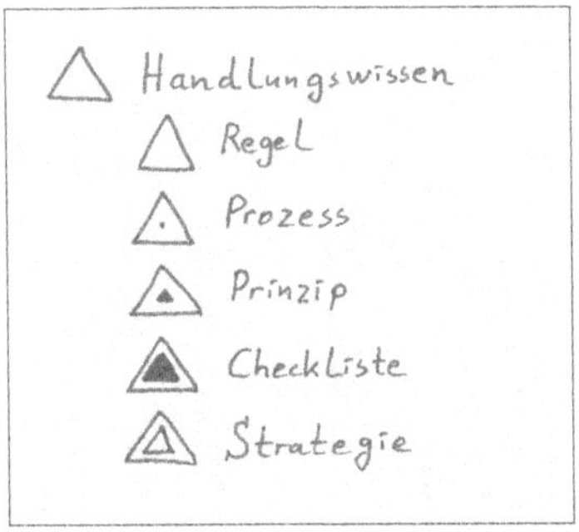

(c) Handlungswissen-Signatur

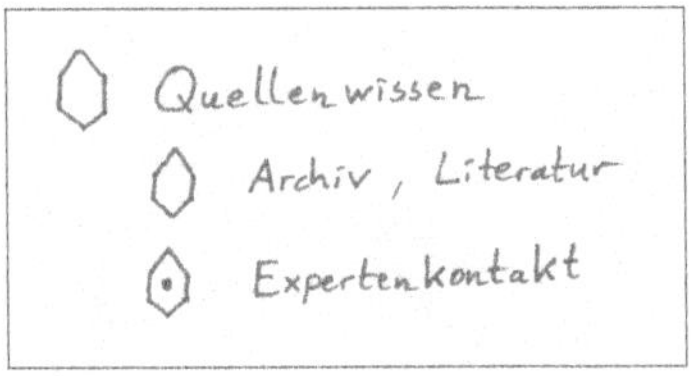

(d) Quellenwissen-Signatur

Abbildung B.4: Signaturen für die Wissensarten

Literaturverzeichnis

[Al92] K. Alesandrini: *Survive Information Overload: The 7 Best Ways to Manage Your Workload by Seeing the Big Picture.* McGraw-Hill Education 1992.

[An94] U. Andelfinger: *Begriffliche Wissensysteme aus pragmatisch-semiotischer Sicht.* In: R. Wille; M. Zickwolff (Hrsg.): Begriffliche Wissensverarbeitung – Grundfragen und Aufgaben. Wissenschaftsverlag, Mannheim, Leipzig, Wien, Zürich 1994, 153-172.

[AN1662] A. Arnaud; P. Nicole: *La Logique ou l'art de penser.* Paris 1662. Übersetzung: Die Logik oder die Kunst des Denkens. 2. Aufl., Wissenschaftliche Buchgesellschaft, Darmstadt 1994.

[Ap76] K.-O. Apel: *Transformation der Philosophie. Band 2: Das Apriori der Kommunikationsgemeinschaft.* Suhrkamp-Taschenbuch Wissenschaft 165, Frankfurt 1976.

[Bl06] W. Blum: *Die Bildungsstandards Mathematik. Einführung.* In: W. Blum; Ch. Drüke-Noe; R. Hartung; O. Köller (Hrsg.): Bildungsstandards Mathematik: konkret. Cornelsen Verlag Scriptor, Berlin 2006, 14-32.

[Br74] Brockhaus Enzyklopädie in zwanzig Bänden, Brockhaus, Mannheim 1974.

[Bu04] P. Burger: *Kognitive Aufgaben in transdisziplinären Wissenschaftspraktiken und ihre methodologischen Implikationen.* In: A. Grunwald; J.C. Schmidt (Hrsg.): Technikfolgenabschätzung. Theorie und Praxis. Forschungsbericht des Instituts für Technikfolgenabschätzung und Systemanalyse des Forschungszentrums Karlsruhe (ITAS), Karlsruhe, Nr. 3, 13. Jahrgang Dezember 2004, 129-134.

[DavPru98] T. Davenport; L. Prusak: *Working Knowledge: how organizations manage what they know.* Harvard Business School Press, Boston 1998.

[DaPri02] B.A. Davey; H.A. Priestley: *Introduction to Lattices and Order* Cambridge University Press, Cambridge 2nd Ed. 2002.

[De93] K. Devlin: *The Joy of Sets. Fundamentals of Contemporary Set Theory.* 2. Aufl., Springer, New York u.a. 1993.

[De99] K. Devlin: *Infosense. Turning Information into Knowledge.* W. H. Freemann and Company, New York 1999.

[DE05] D. Shaun; P. W. Eklund: *Evaluation of Concept Lattices in a Web-Based Mail Browser.* In: F. Dau; M.-L. Mugnier; G. Stumme (Eds.): Conceptual Structures: Common Semantics for Sharing Knowledge, 13th International Conference on Conceptual Structures, ICCS 2005, Proceedings. Lecture Notes in Computer Science 3596, Springer, Heidelberg 2005, 281-294.

[dtv-Atlas] dtv-Atlas zur Mathematik, Bd. 1, dtv 1974, 7. Aufl. 1987.

[DEB04] J. Ducrou; P. Eklund; P. Brawn: *Concept lattices for information visualization: Can novices read line diagrams?* In: P. Eklund (Ed.): Proceedings of the 2nd International Conference on Formal Concept Analysis, ICFCA 2004. Springer, Heidelberg 2004.

[Du93] Duden. Das große Wörterbuch der deutschen Sprache. Bibliographisches Institut, Mannheim 1993.

[EGSW00] P. Eklund; B. Groh; G. Stumme; R. Wille: *A Contextual-Logic Extension of TOSCANA.* In: B. Ganter; G.W. Mineau (Eds.): Conceptual Structures: Logical, Linguistic, and Computational Issues. Proceedings of the 8th International Conference on Conceptual Structures, ICCS 2000, Springer, Berlin, Heidelberg 2000, 453-467.

[ER04] M. J. Eppler; R. Reinhardt (Hrsg.): *Wissenskommunikation in Organisationen.* Springer, Berlin 2004.

[Er00] D. Erne: *Konzeption einer computergestützten Lernumgebung zur Formalen Begriffsanalyse.* Wissenschaftliche Hausarbeit zur Erlangung des 1. Staatsexamens für das Lehramt an Gymnasien, TU Darmstadt, 2000.

[ESZ] Ernst-Schröder-Zenrum: Auszug aus den Vereinszielen der Satzung, TU Darmstadt, 1993.

[Fi99] R. Fischer: *Mathematik anthropologisch. Materialisierung und Systemhaftigkeit.* In: G. Dressel; B. Rathmayr (Hrsg.): Mensch-Gesellschaft-Wissenschaft. Versuch einer Reflexiven Historischen Anthropologie. Studia Universitätsverlag, Innsbruck, 1999, 153-168.

[Fi00] R. Fischer: *Mathematik als Materialisierung des Abstrakten.* In: M. Arnold; R. Fischer: Studium Integrale, iff Texte Bd., Springer, Wien 2000, 50-58.

[Fi02] R. Fischer: *Mathematik und ökonomische Kommunikation.* In: S. Prediger; F. Siebel; K. Lengnink: Mathematik und Kommunikation. Verlag Allgemeine Wissenschaft, Mühltal 2002, 151-160.

[Fl96] V. Flusser: *Kommunikologie.* Bollmann, Mannheim 1996.

[Fr04] R. Freese: *Automated Lattice Drawing.* Lecture Notes in Artificial Intelligence, 2961, Springer, Berlin 2004, 112-127.

[Fre1892] G. Frege: *Über Sinn und Bedeutung.* In: Zeitschrift für Philosophie und philosophische Kritik, NF 100. 1892, 25-50.

[GSW05] B. Ganter; G. Stumme; R. Wille (Eds.): *Formal Concept Analysis. Foundations and Applications.* Springer, Berlin; Heidelberg 2005.

[GW96] B. Ganter; R. Wille: *Formale Begriffsanalyse: Mathematische Grundlagen.* Springer, Berlin u.a. 1996.

[GeW06] P. Gehring; R. Wille: *Semantology: Basic Methods for Knowledge Representation.* In: H. Schärfe; P. Hitzler, P. Ohrstrom (Hrsg.): Conceptual Structures: Inspiration and Application. Proceedings to the 14th International Conference on Conceptual Structures, ICCS 2006, Aalborg, Denmark. Springer, Berlin, Heidelberg 2006, 215-228.

[Gl85] E. von Glaserfeld: *Konstruktion der Wirklichkeit und des Begriffs der Objektivität.* In: Schriften der Carl Friedrich von Siemens Stiftung: Einführung in den Konstruktivismus. Bd. 10, Oldenbourg, München 1985, 1-26.

[GH99] A. Großkopf; G. Harras: *Begriffliche Erkundung semantischer Strukturen von Sprechaktverben.* In: G. Stumme; R. Wille (Hrsg.): Begriffliche Wissensverarbeitung: Methoden und Anwendungen. Springer, Heidelberg 2000, 273-295.

[Ha81] J. Habermas: *Theorie des kommunikativen Handelns.* 2 Bände. Suhrkamp, Frankfurt 1981.

[Har89] J. B. Harley: *Deconstructing The Map.* In: T. Barnes; D. Gregory (Eds.): Reading Human Geography. The Poetics and Politics of Inquiry. Arnold Hodder Headline Group, London u.a. 1997, 155-168.

[Hay01] J. Hayes: *Gestaltung von Informationskarten mit WOMBAT (Wissensorganisation mit Begriffsanalytischen Techniken).* Studienabschlussarbeit, TU Darmstadt, 2001/02.

[Hei62] M. Heidegger: *Die Frage nach dem Ding: zu Kants Lehre von den transzendentalen Grundsätzen.* Niemeyer, Tübingen 1962, 2. Auflage 1987.

[Hel02] M. Helmerich: *Begriffliche Informationskarten – Orientierungs- und Navigationshilfe in Lernumgebungen auf kontextuell-logischer Grundlage.* In: S. Prediger; F. Siebel; K. Lengnink (Hrsg.): Mathematik und Kommunikation. Verlag Allgemeine Wissenschaft, Mühltal 2002, 197-212.

[Hen74] H. von Hentig: *Magier oder Magister? Über die Einheit der Wissenschaft im Verständigungsprozeß.“* Suhrkamp, Frankfurt 1974.

[Her00] J. Hereth: *Formale Begriffsanalyse in Data Warehousing.* Diplomarbeit, FB Mathematik, TU Darmstadt, 2000.

[HSWW00] J. Hereth; G. Stumme; R. Wille; U. Wille: *Conceptual knowledge discovery and data analysis.* In: B. Ganter; G. W. Mineau (Eds.): Conceptual Structures: Logical, Liguistic, and Computational Issues. LNAI 1867. Springer, Heidelberg 2000.

[He91] H. Hering: *Didaktische Aspekte experimenteller Mathematik.* In: H. Kautschitsch; W. Metzler (Hrsg.): Schriftenreihe Didaktik der Mathematik: „Anschauliche und experimentelle Mathematik“, Bd. 20, Teubner, Stuttgart 1991, 51-59.

[Hof03] M.H.G. Hoffmann: *Einleitung: Warum Semiotik?* In: M.H.G. Hoffmann (Hrsg.): Mathematik verstehen. Semiotische Perspektiven. Verlag Franzbecker, Hildesheim, Berlin 2003, 1-18.

[Hom91] G. Homann: *Mathematik – Lernspiele.* Praxis Pädagogik, Westermann, Braunschweig 1991.

[Ka88] I. Kant: *Logic.* Dover Publications, Mineola 1988.

[Ke01] M. Kerres: *Multimediale und telemediale Lernumgebungen. Konzeption und Entwicklung.* 2. Aufl., Oldenbourg, München, Wien 2001.

[Kl97] P. Klimsa: *Multimedia aus psychologischer und didaktischer Sicht.* In: L. J. Issing; P. Klimsa (Hrsg.): Information und Lernen mit Multimedia. Psychologie Verlags Union, Weinheim 1997, 7-24.

[Ko89] B. Kohler-Koch: *Zur Empirie und Theorie internationaler Regime.* In: B. Kohler-Koch (ed.): Regime in den internationalen Beziehungen. Nomos Verlagsgesellschaft, Baden-Baden 1989, 17-85.

[KV00] B. Kohler-Koch; F. Vogt: *Normen und regelgeleitete internationale Kooperationen.* In: G. Stumme; R. Wille (Hrsg.): Begriffliche Wissensverarbeitung: Methoden und Anwendungen. Springer, Berlin, Heidelberg 2000, 325-340.

[KS07] G. Krauthausen; P. Scherer: *Einführung in die Mathematikdidaktik.* 3. Aufl., Elsevier, Spektrum, Heidelberg 2007.

[Kre00] R. Kreutz: *Das Eden Hypertextsystem: strukturierte und adaptive Lehrdokumente für das Internet.* Dissertation, RWTH Aachen, ersch. Mensch-und-Buch-Verlag, Berlin 2000.

[Kr91] Philosophisches Wörterbuch, hrsg. von G. Schischkoff, Alfred Kröner Verlag, Stuttgart 1991.

[LS87] J. Larkin; H. Simon: *Why a diagram is (sometimes) worth 10,000 words.* In: Cognitive Science 11, 1987, 65-100.

[Lec94] M. Lechner: *Ergonomische Navigation in computerbasierten Informationssystemen. Bestandsaufnahme und Entwicklung eines CBT-Programms.* Diplomarbeit, Fachbereich Medieninformatik, FH Furtwangen, 1994.

[Len02] K. Lengnink: *Mathematisches in der Kommunikation.* In: S. Prediger; F. Siebel; K. Lengnink (Hrsg.): Mathematik und Kommunikation. Verlag Allgemeine Wissenschaft, Mühltal 2002, 121-136.

[LO07] M. Ludwig; R. Oldenburg: *Lernen durch Experimentieren.* In: mathematik lehren Heft 141, Erhard Friedrich Verlag, Velber 2007, 4-11.

[Lu92] A. L. Luft: *„Wissen" und „Information" bei einer Sichtweise der Informatik als Wissenstechnik.* In: W. Coy et al. (Hrsg.): *Sichtweisen der Informatik.* Vieweg, Braunschweig, Wiesbaden 1992, 49-70.

[LW91] P. Luksch; R. Wille: *A Mathematical Model for Conceptual Knowledge Systems.* In: H.-H. Bock; P. Ihm (eds.): Classification, data analysis, and knowledge organization. Springer, Berlin, Heidelberg 1991, 156-162.

[Med99] N. Meder: *Didaktische Ontologien.* Universität Bielefeld, 1999.

[Mey92] Meyers Großes Taschenlexikon in 24 Bänden, BI-Taschenbuchverlag, 1992.

[Mi84] J. Mittelstraß; G. Wolters (Hrsg.); S. Blasche et al. (Verf.): *Enzyklopädie Philosophie und Wissenschaftstheorie.* Bibliographisches Institut, Mannheim, Wien, Zürich 1984.

[Mi96] J. Mittelstraß: *Transdisziplinarität.* In: J. Mittelstraß (Hrsg.): Enzyklopädie Philosophie und Wissenschaftstheorie. Bd. 4, Metzler, Stuttgart 1996, 329.

[Mi98] J. Mittelstraß: *Interdisziplinarität oder Transdisziplinarität?* In: J. Mittelstraß: Die Häuser des Wissens: wissenschaftstheoretische Studien. Suhrkamp-Taschenbuch Wissenschaft 1390, Frankfurt 1998, 29-48.

[MR00] H. Mandl; G. Reinmann-Rothmeier: *Wissensmanagement. Informationszuwachs - Wissensschwund? Die strategische Bedeutung des Wissensmanagements.* Oldenbourg, München 2000.

[MW97] G. N. Müller; E. Ch. Wittmann: *Die Denkschule - Teil 1/2.* Leipzig 1997/1998.

[Pe03] Ch. S. Peirce: *Principles of Philosophy.* In: Ch. Hartshorne; P. Weiss (Eds.): Collected Papers of Charles Sanders Peirce, Bd. 1, Harvard University Press, Cambridge (MA) 1931.

[Pe33] Ch. S. Peirce: *The Simplest Mathematics.* In: Ch. Hartshorne; P. Weiss (eds.): Collected Papers of Charles Sanders Peirce, Bd. 4, Harvard University Press, Cambridge (MA) 1933.

[Pe31] Ch. S. Peirce: *Pragmatism and Pramaticism.* In: The Collected Papers Vol. V, Harvard University Press, Cambridge 1931.

[Pe92] Ch. S. Peirce: *Reasoning and the logic of things.* Hrsg. von K. L. Ketner; mit einer Einleitung von K. L. Ketner und H. Putnam. Harvard University Press, Cambridge 1992.

[Pe93] Ch. S. Peirce: *Phänomen und Logik der Zeichen.* Hrsg. u. übers. von H. Pape, Suhrkamp 1993.

[Pe00] Ch. S. Peirce: *Semiotische Schriften 1.* Hrsg. Ch. J. Kloessel; H. Pape. Suhrkamp, Frankfurt 2000.

[Pre98] S. Prediger: *Kontextuelle Urteilslogik mit Begriffsgraphen. Ein Beitrag zur Restrukturierung der mathematischen Logik.* Shaker Verlag, Aachen 1998.

[PRR99] G. Probst; S. Raub; K. Romhardt: *Wissen managen. Wie Unternehmen ihre wertvollste Ressource optimal nutzen.* Frankfurter Allgemeine; Gabler, Wiesbaden 3. Aufl. 1999.

[RM96] G. Reinmann-Rothmeier; H. Mandl: *Lernen auf der Basis des Konstruktivismus. Wie Lernen aktiver und anwendungsorientierter wird.* In: Computer und Unterricht, Heft 23, Erhard Friedrich Verlag, Velber 1996, 41-44.

[RM98] G. Reinmann-Rothmeier; H. Mandl: *Wissensvermittlung: Ansätze zur Förderung des Wissenserwerbs.* In: F. Klix; H. Spada (Hrsg.): Wissen. Hogrefe, Göttingen 1998, 457-500.

[RM01] G. Reinmann-Rothmeier; H. Mandl et al.: *Wissensmanagement lernen.* Beltz, Weinheim 2001.

[Ric86] P. Ricoeur: *Die lebendige Metapher.* Wilhelm Fink Verlag, München 1986.

[Riv84] I. Rival: *The Diagram.* In: I. Rival (ed.): Graphs and Order. The Role of Graphs in the Theory of Ordered Sets and Its Applications. D. Reidel Publishing Company, Dordrecht, Boston, Lancaster 1985, 103-133.

[RW00] T. Rock; R. Wille: *Ein TOSCANA-Erkundungssystem zur Literatursuche.* In: G. Stumme; R. Wille (Hrsg.): Begriffliche Wissensverarbeitung: Methoden und Anwendungen. Springer, Heidelberg 2000, 239-253.

[SchH74] H. Schmidt: *Philosophisches Wörterbuch.* 19. Aufl. neu bearbeitet von G. Schischkoff. Kröner, Stuttgart 1974.

[SchmR75] R. Schmidt: *Immanuel Kant: Die drei Kritiken in ihrem Zusammenhang mit dem Gesamtwerk.* Kröner, Stuttgart 11. Aufl. 1975, Neudruck 1993.

[Sc97] R. Schulmeister: *Grundlagen hypermedialer Lernsysteme. Theorie – Didaktik – Design.* 2. Aufl., Oldenbourg, München, Wien 1997.

[SvT81] F. Schulz von Thun: *Miteinander Reden 1. Störungen und Klärungen.* Rowohlt Taschenbuch Verlag, Reinbek bei Hamburg 1981, 45. Aufl. 2007.

[SM00] H. Schumann; W. Müller: *Visualisierung. Grundlagen und allgemeine Methoden.* Springer Verlag, Berlin u.a. 2000.

[Se01] Th. B. Seiler: *Begreifen und Verstehen. Ein Buch über Begriffe und Bedeutungen.* Verlag Allgemeine Wissenschaft, Mühltal 2001.

[Sh02] S. Shin: *The Iconic Logic of Peirce's Graphs.* Bradford Book, Massachusetts 2002.

[Sk04] H. Alrø; O. Skovsmose: *Dialogue and Learning in Mathematics Education. Intention, Reflection, Critique.* Kluver Academic Publishers, Dordrecht 2004.

[Söö05] E. Söbbeke: *Zur visuellen Strukturierungsfähigkeit von Grundschulkindern – Epistemologische Grundlagen und empirische Fallstudien zu kindlichen Strukturierungsprozessen mathematischer Anschauungsmittel.* Franzbecker, Hildesheim 2005.

[So84] J. F. Sowa: *Conceptual Structures: Information Processing in Mind and Machine.* Adison-Wesley, Reading 1984.

[So92] J. F. Sowa: *Conceptual Graphs summary.* In: T. E. Nagle; J. A. Nagle; L. L. Gerholz; P. W. Eklund (Eds.): Conceptual Structures: Current Research and Practise. Ellis Horwood, 1992, 3-51.

[SW88] N. Spangenberg; K.-E. Wolff: *Conceptual grid evaluation.* In: H. H. Bock (Hrsg.): Classification and related methods of data analysis, Elsevier Science Publication, Amsterdam 1988, 577-589.

[Sp90] N. Spangenberg: *Familienkonflikte eßgestörter Patientinnen. Eine empirische Untersuchung mit der Repertory Grid Technik.* Habilitationsschrift, Universität Gießen, 1990

[Ste00] V. Steiner: *Exploratives Lernen.* Pendo Verlag, Zürich, München 2000.

[St93] W. Steinmüller: *Informationstechnologie und Gesellschaft. Einführung in die Angewandte Informatik.* Wissenschaftliche Buchgesellschaft, Darmstadt 1993.

[StW92] S. Strahringer; R. Wille: *Towards a structure theory for ordinal data.* In: M. Schader (Ed.): Analyzing and Modeling Data and Knowledge. Springer, Heidelberg 1992, 129-139.

[Str97] C. Strothotte; T. Strothotte: *Seeing Between the Pixels. Pictures in Interactive Systems.* Springer Verlag, Berlin, Heidelberg 1997.

[Tu83] E.R. Tufte: *The Visual Display of Quantitative Information.* Graphics Press, 1983.

[Wa89] Gerhard Wahrig Deutsches Wörterbuch, Mosaik-Verlag, Gütersloh 1989.

[Wil90] H. Wilhelmy: *Kartographie in Stichworten.* 5. überarbeitete Auflage von Armin Hüttermann und Peter Schröder, Hirt Verlag, Unterägeri 1990.

[Wi84] R. Wille: *Liniendiagramme hierarchischer Begriffssysteme.* In: H. H. Bock (Hrsg.): Anwendungen der Klassifikation: Datenanalyse und numerische Klassifikation. Indeks-Verlag, Frankfurt 1984, 32-51.

[Wi87] R. Wille: *Bedeutung von Begriffsverbänden*. In: B. Ganter; R. Wille; K. E. Wolff (Hrsg.): Beiträge zur Begriffsanalyse. B.I.-Wissenschaftsverlag, Mannheim, Wien, Zürich 1987, 161-211.

[Wi88] R. Wille: *Allgemeine Wissenschaft als Wissenschaft für die Allgemeinheit*. In: H. Böhme; H. J. Gamm (Hrsg.): Verantwortung in der Wissenschaft, TH Darmstadt 1988, 159-176.

[Wi92a] R. Wille: *Concept Lattices and Conceptual Knowledge Systems*. In: Computers & Mathematics with Applications 23, 1992, 493-515.

[Wi92b] R. Wille: *Begriffliche Datenssysteme als Werkzeuge der Wissenskommunikation*. In: H. H. Zimmermann; H.-D- Luckhardt; A. Schulz (Hrsg.): Mensch und Maschine - Informationelle Schnittstellen der Kommunikation. Universitätsverlag Konstanz, Konstanz 1992, 63-73.

[Wi95a] R. Wille: *Begriffsdenken: Von der griechischen Philosophie bis zur Künstlichen Intelligenz heute*. Diltheykastanie, Ludwig-Georgs-Gymnasium Darmstadt, 1995, 77-109.

[Wi95b] R. Wille: *„Allgemeine Mathematik" als Bildungskonzept für die Schule*. In: R. Biehler; H.W. Heymann; B. Winkelmann (Hrsg.): Mathematik allgemeinbildend unterrichten: Impulse für Lehrerbildung und Schule. Aulis Verlag, Köln 1995, 41-55.

[Wi96a] R. Wille: *Restructuring Mathematical Logic: an Approach based on Peirce's Pragmatism*. In: A. Ursini; P. Agliano (Eds.): Logic and Algebra. Marcel Dekker, New York 1996, 267-281.

[Wi96b] R. Wille: *Menschengerechte Wissensverarbeitung: Grundfragen und Aufgaben*. In: P. Bittner; J. Woinowski (Hrsg.): Mensch – Informatisierung – Gesellschaft. Beiträge zur 14. Jahrestagung des Forums InformatikerInnen für Frieden und gesellschaftliche Verantwortung (FIfF) e.V. 1998. LIT Verlag, Münster, Hamburg, London 1999, 87-104.

[Wi97] R. Wille: *Conceptual Graphs and Formal Concept Analysis*. In: D. Lukose et al. (Eds.): Conceptual Structures: Fulfilling Peirce's Dream, Lecture Notes in Artificial Intelligence 1257. Springer Verlag, Berlin, New York 1997, 290-303.

[Wi98] R. Wille: *Aufbau des Forschungszentrums Begriffliche Wissensverarbeitung der Technischen Universität Darmstadt.* Antrag auf Förderung von Forschung an das Hessische Ministerium für Wissenschaft und Kunst, Dissertationsdruck Darmstadt 1998.

[Wi00a] R. Wille: *Begriffliche Wissensverarbeitung: Theorie und Praxis.* In: Informatik Spektrum 23, 2000, 357-369.

[Wi00b] R. Wille: *Contextual Logic Summary.* In: G. Stumme (Ed.): Working with Conceptual Structures. Contribution to the International Conference on Conceptual Structures (ICCS) 2000. Shaker, Aachen 2000, 265-276.

[Wi02a] R. Wille: *Existential Concept Graphs of Power Context Families.* In: U. Priss; D. Corbett; G. Angelova (Eds.): Conceptual Structures: Integration and Interfaces. Proceedings of the 10th International Conference on Conceptual Structures, Springer, LNAI 2393, 2002, 382-395.

[Wi02b] R. Wille: *Transdisziplinarität und Allgemeine Wissenschaft.* In: H. Krebs; U. Gehrlein; J, Pfeifer; J. C. Schmidt (Hrsg.): Perspektiven Interdisziplinärer Technikforschung: Konzepte, Analysen, Erfahrungen. Agenda, Münster 2002, 73-84.

[Wi07] R. Wille: *The Basic Theorem on Labelled Line Diagrams of Finite Concept Lattices.* In: S. O. Kuznetzow; St. Schmidt (Eds.): Formal Concept Analysis (ICFA 2007), Springer, LNAI 4390, Heidelberg 2007, 303-312.

[Wi08] R. Wille: *Formal Concept Analysis and Contextual Logic.* In: P. Hitzler; H. Schärfe (Eds.): Conceptual structures in practice. Chapman and Hall/CRS Press (in Veröffentlichung)

[WW01] K. D. Wolf; R. Wille: *Möglichkeiten zur Unterstützung der Theoriebildung in der Politikwissenschaft durch ein TOSCANA-System: Politische Steuerung technikinduzierter Problemstellungen.* Projektantrag an das ZIT, TU Darmstadt, 2001.

[ZLS92] H. H. Zimmermann; H.-D. Luckhardt; A. Schulz (Hrsg.): *Mensch und Maschine - Informationelle Schnittstellen der Kommunikation.* Universitätsverlag Konstanz, Konstanz 1992.